中国生态文明理论与实践研究丛书

减污降碳协同增效政策与实践（二）

Policies and Practices
for Synergizing
the Reduction of Pollutants and
GHG Emissions（Ⅱ）

李丽平　杨儒浦　张　彬　李可心　等／著

社会科学文献出版社
SOCIAL SCIENCES ACADEMIC PRESS (CHINA)

前　言

当前，我国生态文明建设同时面临实现生态环境根本好转和碳达峰碳中和两大战略任务，生态环境多目标治理要求进一步凸显，协同推进减污降碳已成为我国新发展阶段经济社会发展全面绿色转型的必然选择。为此，"十四五"时期，我国将把碳达峰碳中和纳入生态文明建设整体布局，生态文明建设进入了以降碳为重点战略方向、推动减污降碳协同增效、促进经济社会发展全面绿色转型、实现生态环境质量改善由量变到质变的关键时期，推动减污降碳协同增效成为促进经济社会发展全面绿色转型的总抓手。党的二十大报告提出要"协同推进降碳、减污、扩绿、增长"，并将此作为美丽中国建设的重要内容。推动减污降碳协同增效是我国立足新发展阶段大力推进生态文明建设的必然要求，是我国贯彻新发展理念统筹推进"五位一体"总体布局的必然选择，是我国构建新发展格局持续推进美丽中国建设的根本路径。2022年6月，生态环境部等7部委联合印发《减污降碳协同增效实施方案》，该方案作为碳达峰碳中和"1+N"政策体系重要文件之一，对推动减污降碳协同增效进行了系统谋划，明确了目标任务和实施机制，为 2030 年前协同推进减污降碳工作提供了行动指引。在此背景下，深刻理解减污降碳协同增效的内涵，全面分析减污降碳协同增效的政策安排，科学评估减污降碳协同增效的实践案例等具有重要的理论和时代意义。

基于上述内容，生态环境部环境与经济政策中心等结合相关研究工作，在 2023 年出版《减污降碳协同增效政策与实践（一）》的基础上，拓展了对减污降碳协同增效的内涵和路径的阐释，对现有减污降碳协同效应政策进行了进一步总结分析，回顾总结了相关研究进展，以国家重点战略区域、城市、工业园区不同层级以及工业行业、交通、绿电消费等为具体对象探讨了其减污降碳协同情况，并探索了共建"一带一路"国家减污降碳协同变化趋势，讨论了甲烷与臭氧协同控制效益，较为立体地刻画了当前减污降碳协同增效的政策与实践。

全书共十三章内容，具体内容及作者分工如下：第一章减污降碳协同增效的内涵和路径由李丽平、王敏、杨儒浦执笔；第二章我国减污降碳协同增效政策分析由李丽平、杨霖执笔；第三章减污降碳协同增效研究述评由杨霖、杨儒浦执笔；第四章国家重大战略区域减污降碳协同度评估由杨儒浦执笔；第五章城市减污降碳协同度评价方法及应用由王敏执笔；第六章工业园区减污降碳协同增效评价方法及实证分析由杨儒浦执笔；第七章国家级经济技术开发区减污降碳协同发展评价由李可心、杨儒浦执笔；第八章重点工业行业减污减碳协同增效评估由张彬、李可心执笔；第九章欧盟交通行业污染物和温室气体排放控制经验及对我国的启示由张彬、李可心执笔；第十章城市交通部门温室气体和大气污染物协同减排潜力分析——以唐山市为例由杨儒浦等执笔；第十一章减污降碳视角下推动绿电消费的政策与实践由李可心、张彬执笔；第十二章共建"一带一路"国家减污降碳协同变化趋势分析由刘金淼执笔；第十三章甲烷减排与臭氧协同控制效益由美国环保协会高霁执笔。全书由李丽平、杨儒浦总体设计和统稿。

　　本书得以编辑出版，很多人为此付出了大量辛勤劳动。相关调研等工作得到了内蒙古自治区生态环境厅、内蒙古自治区生态环境低碳发展中心、唐山市生态环境局、美国环保协会、克莱恩斯欧洲环保协会等部门和机构的大力支持。本书的出版得到了生态环境部大气固定源监测分析评估项目经费支持，政研中心胡军主任、田春秀副主任、俞海副主任对本书的编写给予了大力支持。政研中心的杨儒浦在各章节资料查找和数据核对方面做了大量工作。社会科学文献出版社胡庆英编辑在出版过程中给予了鼎力帮助。在此一并表示衷心感谢！感谢所有对该项目提供帮助的单位和个人！

　　当然，我们深知，这些研究还很初步，存在诸多不足，恳请读者批评指正！

目　录

第一章 减污降碳协同增效的内涵和路径

当前，我国生态文明建设同时面临实现生态环境根本好转和碳达峰碳中和两大战略任务，生态环境多目标治理要求进一步凸显，我国已进入以降碳为重点战略方向、推动减污降碳协同增效、促进经济社会发展全面绿色转型、实现生态环境质量改善由量变到质变的关键时期，要把实现减污降碳协同增效作为促进经济社会发展全面绿色转型的总抓手。因此，如何发挥实现减污降碳协同增效对于促进经济社会发展全面绿色转型的总揽全局、牵引各方的重要作用是亟待研究和解决的重大课题，具有重大的现实意义和时代意义，必须深刻把握其内涵，寻找科学合理的实现路径，积极务实推动减污降碳协同增效。

第一节 减污降碳协同增效的内涵解析

就减污降碳协同增效本身而言，减污是底线，降碳是总牵引，协同是路径和方法，增效是目标。减污降碳协同增效是实现减污和降碳等多目标的"帕累托改进"或"帕累托最优"。具体需要从环境、经济、社会、国际四个维度理解减污降碳协同增效的内涵。

第一个是环境维度的减污降碳协同增效。温室气体与大气污染物排放同根同源且相互作用，化石燃料燃烧不但产生二氧化碳等温室气体，同时也产生 $PM_{2.5}$、PM_{10}、二氧化硫、氮氧化物（NO_x）等大气污染物。这一维度的减污降碳协同增效是指，在控制温室气体排放的过程中减少其他污染物排放（例如 SO_2、NO_x、CO、$VOCs$ 及 PM 等）或者是在控制局部污染物排放及生态建设过程中同时减少/吸收二氧化碳及其他温室气体排放的状态或效果（见图 1-1）。这里的污染物既包括空气污染物，也包括水污染物、固体废物、土壤污染物等，温室气体除了包括二氧化碳，还包括甲烷（CH_4）、氧化亚氮（N_2O）、氢氟碳化物（$HFCs$）等非二氧化碳温室气体。推动"双碳"纳入生态文明建设整体布局就属于这个范畴。国际上与环境维度的减污降碳协同增效类似的词为"协同效应"或"协同效益"。联合国政府间气候变化专门委员会（$IPCC$）第三次评估报告首次明确提出了协同效益/协同效应的概念，即温室气体减排政策的非气候效益。

第二个是经济维度的减污降碳协同增效。也就是说，减污降碳协同增效不仅仅是气候变化与生态环境保护之间的环境效益和气候效益的协同，也包括经济层面的协同增效。这里包括三个层面：一是不论是减污对降碳产生的协同效益还是降碳对减污产生的协同效益，都是附属效益，不用支付额外的成本，或者说是为同时实现两个目标节约了总成本；二是可以实现协同增效，减污降碳协同增效的技术和产品属于国家政策鼓励的绿色低碳产业，也是具有国际竞争力的技术和产品，发展这

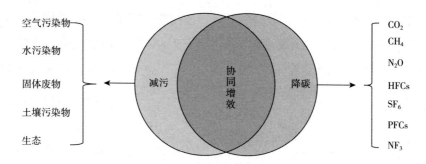

图 1-1　减污降碳协同增效环境维度的内涵

些产业者通过开展环境产品和服务贸易，可以直接产生经济效益；三是实现减污和降碳都要求能源和经济结构调整，因而可以扩大绿色转型，实现高质量经济增长。总之，减污降碳是经济结构调整的有机组成部分，要协同推进降碳、减污、扩绿、增长。国际上这一内涵也在不断发展，IPCC 第四次评估报告指出"综合减少大气污染与减缓气候变化的政策与单独的那些政策相比，可以提供大幅度削减成本的潜力"。

第三个是社会维度的减污降碳协同增效。社会维度的减污降碳协同增效可以从两个层面来理解。一是推动减污降碳可以实现环境质量改善和减缓温室气体排放和气候变化，从人体健康的角度，可以减少患者人数、减少病假天数、减少急性或者慢性呼吸道疾病发生、增加预期寿命；从气候角度，可以降低气候破坏风险，从而降低社会支付成本。二是从社会管理的角度，实现碳达峰碳中和是一场广泛而深刻的经济社会系统性变革，社会管理方式和制度必将发生实质性变化，必须从生态系统整体性出发，更加注重综合治理、系统治理、源头治理，构建减污降碳一体谋划、一体部署、一体推进、一体考核的制度机制，特别是加快形成减污降碳的激励约束机制。我们所讲的将"双碳"纳入经济社会发展全局等就包括该社会维度和经济维度的减污降碳协同增效内涵。

第四个是国际维度的减污降碳协同增效。减污降碳协同增效是构建人类命运共同体的重要一环。首先，中国减少污染物和温室气体排放为全球污染物和温室气体排放做出贡献；其次，中国的减污降碳协同增效经验可以为其他国家提供借鉴，帮助其他国家实现减污降碳，也会对全球减少污染物和温室气体排放做出贡献；再次，中国的减污降碳法律政策可以为减污降碳相关国际规则制定提供参考或发挥作用；最后，国际环境公约之间的协同增效，例如《生物多样性公约》和《联合国气候变化框架公约》之间的协同增效，也对中国国际环境履约产生影响。

需要说明的是，减污降碳协同增效在环境、经济、社会、国际四个维度不是彼此分离的，而是相互关联和递进的关系（见图1-2）。其中，环境维度的减污降碳协同增效是基础也是目标，在实现减污降碳环境协同效益的基础上产生经济维度和社会维度的协同；国际维度是减污降碳协同增效的最高目标，国际维度的减污降碳反过来又会影响环境维度的减污降碳协同增效。

除此之外，还特别需要从更广的视角去理解其内涵和意义。我国的减污降碳协同增效还有如下几个特点。

一是推动减污降碳协同增效是贯彻落实习近平生态文明思想的重要举措。2022年7月出版发行的《习近平生态文明思想学习纲要》在原有"八个坚持"的基础上增加了"坚持党对生态文明建设的全面领导"和"坚持绿色发展是发展观的深刻革命"，将习近平生态文明思想扩展

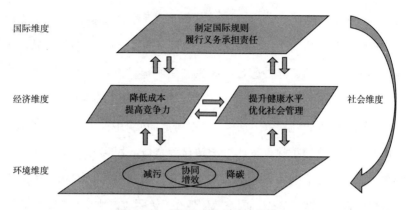

图 1-2 减污降碳协同增效的内涵

为"十个坚持"。减污降碳协同增效的重要内涵在"坚持绿色发展是发展观的深刻革命"中有重要体现。"坚持绿色发展是发展观的深刻革命"是习近平生态文明思想的战略路径,其内容主要包括绿色发展是新发展理念的重要组成部分、促进经济社会发展全面绿色转型、努力实现碳达峰碳中和、打造国家重大战略绿色发展高地等。在促进经济社会发展全面绿色转型中,明确提出要把实现减污降碳协同增效作为经济社会发展全面绿色转型的总抓手;在努力实现碳达峰碳中和中,强调要把"双碳"工作纳入生态文明建设整体布局和经济社会发展全局,要坚持降碳、减污、扩绿、增长协同推进。这也意味着生态环境保护目标必须从生态环境保护转变为实施污染物、温室气体、生态建设等多目标管理,思路上必须从末端治理转变为强调源头治理,管理方式上必须从环境与气候分别治理转变为生态环境保护和温室气体减排真正实现协同增效的有机融合,管理要素上要强调广泛的协同增效,是大气、水、固体废物、土壤等环境要素以及生态建设与温室气体减排的多范畴的协同治理。不仅如此，减污降碳协同增效在其他的几个"坚持"中也都有体现。例如"坚持党对生态文明建设的全面领导"，当然也包括对减污降碳协同增效方面的领导，这是我国生态文明建设的根本保证。再比如"坚持绿水青山就是金山银山"这一核心理念讲的就是环境与经济的关系，而减污降碳协同增效中也包含了经济层面的内涵。还有，减污降碳协同增效与"坚持把建设美丽中国转化为全体人民自觉行动"也密切相关，因为减污降碳协同增效强调形成全社会行动起来的绿色生活方式。总而言之，减污降碳协同增效体现在习近平生态文明思想的方方面面，新增加的"坚持绿色发展是发展观的深刻革命"是减污降碳协同增效在习近平生态文明思想中的突出表现。

二是推动减污降碳协同增效是我国立足新发展阶段大力推进生态文明建设的必然选择。新发展阶段，我国生态文明建设同时面临实现生态环境根本好转和碳达峰碳中和两大战略任务。首先，实现碳达峰碳中和是一场广泛而深刻的经济社会系统性变革，绝不是轻轻松松就能实现的。我国经济社会发展已进入加快绿色化、低碳化的高质量发展阶段，即我国是在工业化、城镇化仍在快速发展的情况下开启降碳进程的，降碳任务之重、时间之紧前所未有。从实现国家现代化必由之路的城镇化指标来看，我国的城镇化率从 2001 年的 37.66% 上升为 2022 年的65.20%①，但是与世界上其他国家相比仍有一定差距，中等收入国家的

---

① 根据《中华人民共和国 2001 年国民经济和社会发展统计公报》《中华人民共和国 2022 年国民经济和社会发展统计公报》中的年末总人口和城镇人口计算得到。

平均水平是 67.59%，高收入国家是 80%，美国等国家超过 90%①。高城镇化率也意味着更多的能源消耗和碳排放。我国人均二氧化碳排放量仍然在增量阶段，而且 2022 年所对应的人均 GDP 仅为 85698 元人民币②，在中高速发展中仍要寻求减碳，难度巨大。我国产业结构、能源结构、交通运输结构转型任务依然很重：从产业结构看，我国生产和消耗了世界上一半以上的钢铁、水泥、电解铝等原材料，而且，资源能源利用效率偏低；从能源结构看，煤炭消费仍占能源消费总量的半数以上，2022 年我国煤炭消费量占能源消费总量的 56.2%③；从交通运输结构看，公路货运量占比高达 73%④，中重型柴油货车保有量较大。我国将完成全球最大碳排放强度降幅，用全球历史上耗时最短的时间——30 年实现从碳达峰到碳中和，与美国 40 多年及欧盟 70 多年相比，无疑是一场硬仗。其次，我国生态环境保护任务依然艰巨，生态文明建设仍处于压力叠加、负重前行的关键期，污染物排放总量仍居高位，空气质量仍是"气象影响型"，目前全国还有超过 1/3 的城市空气质量不达标⑤，

① 《世界发展指标》，https：//data.worldbank.org.cn/indicator/EN.POP.EL5M.UR.ZS，最后访问日期：2024 年 1 月 10 日。
② 《中华人民共和国 2022 年国民经济和社会发展统计公报》，国家统计局，2023 年 2 月 28 日。
③ 《2022 年我国能源生产和消费相关数据》，国家发展和改革委员会，最后访问日期：2023 年 3 月 2 日。
④ 根据《2022 年交通运输行业发展统计公报》中全年完成营业性货运总量和公路全年完成营业性货运量计算得到。
⑤ 《环境部：仍有不少城市空气质量不达标，总体上没有摆脱气象影响》，澎湃新闻，2023 年 9 月 25 日。

PM$_{2.5}$浓度是欧美国家的 2~3 倍①。由此看出，协同推进减污降碳已成为我国新发展阶段生态文明建设的重要内容和必然选择。

三是推动减污降碳协同增效是我国贯彻新发展理念、统筹推进"五位一体"总体布局和实现中国式现代化的基础要求。就党对生态文明建设的部署和要求及生态文明建设在新时代党和国家事业发展中的地位而言，"绿色"是新发展理念的重要组成部分，"污染防治攻坚战"是决胜全面建成小康社会三大攻坚战之一，"生态文明建设"是"五位一体"总体布局的重要内容，"协同推进降碳、减污、扩绿、增长"是"促进人与自然和谐共生的现代化"的重要路径，"人与自然和谐共生的现代化"是中国式现代化的基本特征和本质要求，"坚持人与自然和谐共生"是新时代坚持和发展中国特色社会主义的基本方略，"美丽中国"是我们建设社会主义现代化强国的奋斗目标（见图 1-3）。可以看出，在贯彻新发展理念背景下，在整个国家战略体系中，减污降碳协同增效是生态文明建设的重要内容，也是实现人与自然和谐共生的现代化的重要基础和路径。

四是推动减污降碳协同增效是我国构建新发展格局，实现美丽中国目标的关键路径。从新的战略阶段来看，我国生态文明建设进入了以降碳为重点战略方向、推动减污降碳协同增效、促进经济社会发展全面绿色转型、实现生态环境质量改善由量变到质变的关键时期。从新的战略定位来看，要把实现减污降碳协同增效作为促进经济社会发展全面绿色

---

① 根据 2023 年 3 月 14 日瑞士空气净化信息科技公司 IQAir 发布的《2022 年全球空气质量报告》中 2022 年 PM$_{2.5}$浓度欧洲 13.2 微克/米³、美国 8.9 微克/米³ 计算得到。

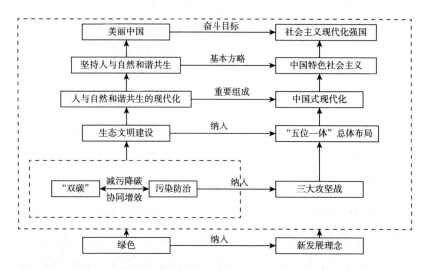

图1-3 减污降碳协同增效在国家现代化体系中的地位

转型的总抓手,加快推动产业结构、能源结构、交通运输结构、用地结构调整。从新的战略要求来看,推动经济社会发展绿色化、低碳化是实现高质量发展的关键环节。必须站在人与自然和谐共生的高度谋划发展,统筹产业结构调整、污染治理、生态保护、应对气候变化,协同推进降碳、减污、扩绿、增长,推进生态优先、节约集约、绿色低碳发展。从新的战略任务来看,要从生态系统整体性出发,更加注重综合治理、系统治理、源头治理,加快构建减污降碳一体谋划、一体部署、一体推进、一体考核的制度机制;要把"双碳"工作纳入生态文明建设整体布局和经济社会发展全局,坚持降碳、减污、扩绿、增长协同推进,加快制定出台相关规划、实施方案和保障措施,组织实施好"碳达峰十大行动",加强政策衔接;要实施重点行业领域减污降碳行动,工业领域要推进绿色制造，建筑领域要提升节能标准，交通领域要加快形成绿色低碳运输方式；要加快形成减污降碳的激励约束机制。

第二节 减污降碳协同增效的实现路径

把实现减污降碳协同增效作为促进经济社会发展全面绿色转型的总抓手，必须在全社会推动，在不同领域、不同部门、不同区域、不同层次加强协同工作，推动减污降碳协同增效工作取得积极进展，抓好推动减污降碳协同增效的着力点。2022年6月，生态环境部、国家发展改革委等7部委联合印发的《减污降碳协同增效实施方案》，从加强源头防控、突出重点领域、优化环境治理、开展模式创新等方面对如何开展减污降碳协同增效进行了系统部署。基于文献梳理、实地调研和专家访谈等，将实施减污降碳协同增效的主体具体到实践操作层面，具体的实施路径包括以下方面。

第一个层次的实施路径包含四个方面：空间设计、结构调整、节约提效和绿色生活。此外，还包括科技、政策、基础设施建设、大数据赋能等的支撑保障（见图1-4）。

第二个层次的实施路径是在第一个层次基础上的细化。例如：空间设计可以包括绿色设计、基于自然的解决方案、项目准入、生态建设等；结构调整可以包括产业结构调整、能源结构调整和交通运输结构调整等；节约提效可以包括节水、节电和废物循环利用等；绿色生活包括衣、食、住、行、用等各方面。

第三个层次的实施路径是具体措施。例如，关于空间设计路径中的

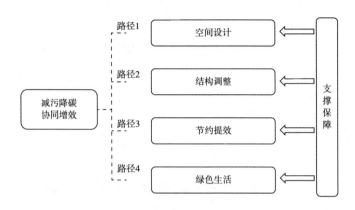

图 1-4　减污降碳协同增效实现路径

生态建设的具体措施，可以包括优化绿化树种，优先选择乡土树种等；关于结构调整路径中的产业结构调整的具体措施，可以包括重点发展新能源、新材料、新能源汽车、半导体等战略性新兴产业，铝行业提高再生铝比例，钢铁行业发展电炉短流程、氢能炼钢工艺，水泥行业加快原燃料替代，推动冶炼副产能源资源与建材、石化化工行业深度耦合发展等；关于节约提效路径中的节水的具体措施，针对工业园区而言，可以包括在园区建立集中供水体系以及集中式污水和废水处理厂、将制药厂和食品厂的冷凝水作为市政用水、开展跨企业水污染治理协作、共享园区分质用水和再生利用水、探索推广污水社区化分类处理和就地回用、开展城镇污水处理和资源化利用碳排放测算等；关于绿色生活路径中的"用"，可以充分发挥公共机构特别是党政机关节能示范作用，提倡绿色包装，减少快递包装等；支撑保障中的基础设施建设包括环保设施共建共享，超纯水、离子水等设备共享，建设公用充电桩等具体措施。

　　需要说明的是，上面的实施路径是给了一个广泛的概念和思路。城市和园区层面的实施路径是不同的，不同城市和不同园区实施路径也是不同的。城市和园区可以结合自身特点及条件选取其中的若干措施进行，从一个或若干点切入再全面铺开。实施路径也是动态调整的，随着社会的发展和技术的进步，实施路径和具体措施，特别是第三个层次的具体措施将会发生较大变化。

第三节　减污降碳协同增效的实施路径案例

　　根据上述减污降碳协同增效实施路径分析，下面分别以浙江省和合肥高新技术产业开发区（简称合肥高新区）为例说明。

一　浙江省减污降碳协同增效实施路径①

　　2023 年，浙江省建立了"1+4+N"减污降碳协同创新政策体系，"1"是指 1 个顶层设计文件（《浙江省减污降碳协同创新区建设实施方案》）；"4"是指 4 张清单，即目标清单、任务清单、政策清单、评价指标体系；"N"指多项减污降碳协同增效相关政策文件，涵盖试点推进、金融支持、碳评准入、投融资等不同领域。推进多层次（城市、园区、企业等）、多领域（能源、工业、城乡建设、交通运输、农业农村、生态建设、绿色生活等）减污降碳协同创新。截至 2023 年 8 月，浙江省已开展三批减污降碳试点创建工作，创建设区市试点 6 个、县

---

　　①　根据《浙江省减污降碳协同创新区建设蓝皮书 2023》等资料整理。

（区、市）试点 17 个、创新园区试点 38 个；开展两批标杆项目申报工作，共有 124 个重点项目入选标杆项目并启动建设。

浙江省减污降碳协同增效实施路径主要包括以下内容。

路径一：在空间设计方面，探索"三线一单"减污降碳精细化分区管理。湖州市作为国家"三线一单"减污降碳协同管控试点城市，初步构建了数字化平台，形成了"三线一单"、规划环评、项目环评、排污许可、执法监管、督查考核"六位一体"全过程管理体系，并提出了生态环境准入清单优化建议及协同管控技术路径。针对产业集聚类重点管控单元，推动产业园区"两高"行业减污降碳协同技术应用；针对城镇生活类重点管控单元，加强城镇生活、交通、建筑等领域减污降碳协同措施应用；针对一般管控单元，重点优化农业领域减污降碳协同技术路径。

路径二：在结构调整方面，推动氢能产业发展和利用等。

推动氢能产业发展和利用。嘉兴、宁波等 7 个市、县先后引进了一批氢燃料电池汽车产业链相关企业，开展了氢燃料电池汽车应用示范，累计建成加氢站 17 座，推广应用氢燃料电池汽车 170 辆。化工企业利用副产氢气布局氢能产业，加速培育制氢-运氢-储氢-加氢-用氢的产业链，布局分布式氢能源新型氢能储能电站。此外，浙江省依托质子膜氢燃料电池、高温氧化物燃料电池、氢（掺）燃机等方面的技术积累，尝试大规模多元化推广应用。

路径三：在节约提效方面，主要包括在园区层面探索产业协同路径、推动建筑领域绿色低碳转型等。

在园区层面探索产业协同路径。聚焦石化化工、化纤、纺织印染、造纸、建材、钢铁、电镀等重点行业产业园区，遴选减污降碳协同试点园区 41 个，从园区产业优化布局、能源资源循环利用、环境要素协同治理、生产工艺低碳转型、一体管控数字智治等环节，探索源头防控、过程控制、末端治理、资源能源循环利用的全产业链减污降碳协同管理模式。

推动建筑领域绿色低碳转型。编制发布《2022 年第 19 届亚运会绿色健康建筑设计导则》《2022 年第 19 届亚运会场馆建筑室内空气污染控制导则》《大型赛事活动绿色低碳运营指南》等标准导则，将减污降碳协同理念融入亚运场馆设计、建设施工、赛后利用的全生命周期，形成一批绿色标准、绿色科技、绿色建材、绿色工法，并向社会应用延伸；建成一批绿色示范项目和绿色施工示范工程，杭州亚运村被授予浙江省首个国家绿色生态城区二星级设计规划标识，杭州奥体中心体育馆、游泳体育馆、综合训练馆入选全国建筑业绿色施工示范工程；楼宇数智低碳运行策略首次应用于亚运场馆，构筑了大莲花场馆降碳提效智能绿网。

路径四：在绿色生活方面，主要包括推进交通出行绿色高效转型，开发碳普惠减排量登记系统，推动全民参与、提升减污降碳意识等。

推进交通出行绿色高效转型。打造杭州"三枢一轴"综合交通枢纽群，构建由轨道交通、骨干公交、支线公交等构成的公交网络，推行"公交+自行车+步行"的城市交通模式；建成以新能源和清洁能源为主体的城市客运车辆结构，杭州主城区公交车 100% 更换为新能源汽车，城市绿色出行比例达到 76.6%，绿色出行服务满意度超过 90%。

开发碳普惠减排量登记系统。为激发林业碳汇对减污降碳协同增效的促进作用，浙江省积极推动省级层面自愿减排市场建设。打通衢州林业碳账户、丽水生态资源交易平台、安吉两山合作社等各地自愿减排业务系统，开发建成浙江省碳普惠减排量登记备案系统。

推动全民参与、提升减污降碳意识。杭州市发动 183 万人次参加"我为亚运种棵树"活动，累计植树 540 余万株，建设亚运会碳中和林 9 处。开展"人人 1 千克、助力亚运碳中和"活动，普及绿色低碳知识，鼓励践行绿色生活方式，首次把绿色生活、互联网参与、减污降碳等工作有机融合，参与人数已超过 1 亿人次。

支撑保障方面，主要有以下实施路径。

构建"横向统筹协调、纵向贯通落实"组织实施机制。成立浙江省减污降碳协同创新区建设工作专班，通过任务清单化、清单责任化、责任闭环化推进创新区建设。同时，城市和园区层面也注重加强组织领导、强化工作推进。例如嘉兴等城市成立减污降碳协同试点推进领导小组，龙游经济开发区成立减污降碳工作领导小组。

发挥减污降碳协同指数的"考核指挥棒"作用。省级层面率先发布减污降碳协同指数，按季度对 11 个设区市减污降碳协同效果和措施进展开展量化评价，将评价结果纳入设区市污染防治攻坚战成效考核和美丽浙江考核；嘉兴、湖州、温州等城市发布县（市、区）减污降碳协同指数；舟山市构建石化行业减污降碳协同评价指标；杭州市余杭区创建企业减污降碳协同指数。通过指数评估识别应重点关注的治理领域及薄弱环节，提出针对性工作任务。

建立减污降碳多元激励机制。建立财政专项资金补助机制，对试点城市、区县和园区予以财政专项资金支持，激励各地试点申报和试点建设，并设立赛马激励资金，根据建设成效将试点分为三档，实施差别化补助。同时，持续加大减污降碳金融支持力度，建立减污降碳协同标杆项目库，将有关项目纳入金融支持项目储备库，推动金融资源向减污降碳理论技术研发应用领域集中，鼓励金融机构对纳入试点的区域、园区、企业、项目给予授信支持。

推动减污降碳协同创新实践经验上升为标准规范。加强对试点进展情况的跟踪调度，及时总结经验，并将其上升为标准规范后在全省推行。例如出台工业、农业、林业、能源、建筑、交通和居民生活等领域碳排放核算评价地方标准，以及银行个人碳账户省级团体标准；编制污水处理、纺织印染、电镀等行业减污降碳协同技术指南；杭州市针对亚运会制定了绿色场馆标准规范、绿色健康建筑设计导则、场馆室内空气污染控制技术导则等一系列标准。

二　合肥高新区减污降碳协同增效实施路径[①]

安徽省合肥市高新区是 1991 年经国务院批准的首批国家级高新区，主导产业包括人工智能、光伏新能源、量子信息、生物医药等，获评国家生态工业示范园区、国家环境健康管理试点园区、第二批国家清洁生产审核试点等，入选国家首批减污降碳协同创新试点园区。

路径一：在空间设计方面，研制主导行业生态环境准入判定模板，实施"区域能评+产业能效评价"准入制度，环评和能评提前介入，从

---

① 根据 2023 年 10 月 26 日《中国环境报》第一版资料及生态环境部官微 2023 年 5 月 3 日综合规划与政策典型案例——"减污降碳协同增效：安徽合肥市高新区创新模式推动减污降碳协同增效"等整理。

源头上避免高污染高耗能企业入驻。另外，创新推动"健康体检"和"土地管家"制度，推动产业"腾笼换鸟"，向存量要空间，促进亩均发展提质增效。还有，推动"职位平衡"，为市民打造"15分钟低碳生活圈"。

路径二：在结构调整方面，提升可再生能源利用比例。强化工业园区能源、环境基础设施的提效升级及共生链接，支持鼓励园区企事业单位建立屋顶/车棚等光伏电站，推进大容量高电压风电机组、光伏逆变器创新突破，提高绿电使用率，加快建设"合肥高新国际环保科技园"。重点发展以光伏新能源、新材料、新能源汽车、节能环保产业为核心的绿色经济，全力推进"光伏第一城"核心区建设，支持行业龙头企业引领构建光伏、储能等碳中和领域产业链和创新链，推动产业减污降碳协同增效。

路径三：在节约提效方面，支持企业前瞻布局减污降碳协同技术创新，实施节能降碳项目，实现污水减排、能耗下降和二氧化碳减排。

路径四：在绿色生活方面，实施扩绿降碳行动，谋划实施一批绿色生态建设工程，推动"林长制"，让绿水青山走向"国际化、森林化、花园化、低碳化"，推动水体修复净化，让每一条河流成为"景观带、净化器、蓄水池"。

支撑保障方面，一是创新实施工业企业碳积分试点，推动工业绿色提升。参照碳交易模式，园区探索推进工业企业碳积分试点建设，创新建立承载企业行业信息、经济数据、能源数据、污染排放数据、碳排放数据和评价结果数据等碳积分标准，将碳积分与园区的用能权交易、合创券、政策兑现、有序用电等平台联动，激励企业主动实现减污降碳。

同时，探索建立标准化、可校验、可溯源的企业碳信用体系，将企业污染排放、碳排放、产品碳标签及其他绿色低碳评价信息纳入碳积分管理，联合商业银行和担保机构推广开发依托碳积分的与"碳足迹""碳减排量"挂钩的贷款产品。二是系统构建评价指标体系。完成绿色发展总规划和减污降碳路径规划编制，研制"一园一策"多要素约束的减污降碳治理路线图，系统构建工业园区绿色低碳发展评价指标体系，包括减污降碳、能源利用、资源利用、空间绿色、产业绿色、绿色科技、人居绿色、治理现代化八大类共 40 项绿色化指标体系。

第二章 我国减污降碳协同增效政策分析

减污降碳协同治理成为促进经济社会发展全面绿色低碳转型的总抓手。如何发挥减污降碳协同增效对于促进经济社会发展全面绿色转型总揽全局、牵引各方的重要作用是亟待研究的重大课题，亟须在明确现状的基础上，从生态系统整体性出发，构建减污降碳一体谋划、一体部署、一体推进、一体考核的政策体系。

第一节 我国减污降碳协同增效政策进展

我国减污降碳协同增效政策的发展大致可划分为三个阶段。

第一阶段为前协同阶段（2016 年以前）。此阶段，我国尚未形成系统的减污降碳协同增效政策，但对其进行了有益探索。例如，我国提出"五位一体"的国家发展总体布局，使生态文明建设与经济建设、政治建设、文化建设、社会建设协调发展，从源头推动协同。《中华人民共和国国民经济和社会发展第十一个五年规划纲要》同时提出两个能源环境约束性指标：单位国内生产总值能源消耗比"十五"期末降低了 20% 左右，二氧化硫和化学需氧量等主要污染物排放总量比"十五"时期减少了 10%；《中华人民共和国国民经济和社会发展第十二个五年规划纲要》确定的考核指标包括"单位国内生产总值能源消耗降低 16%，单位国内生产总值二氧化碳排放降低 17%。主要污染物排放总量显著减少，化学需氧量、二氧化硫排放分别减少 8%，氨氮、氮氧化物排放分别减少 10%"。该阶段，虽然规定了传统污染物和温室气体的排放指标，但二者相关的政策各自为政，未明确强调二者的协同，只有个别政策对污染物和温室气体的协同减排做出了规定。例如，2015 年实施的环境保护部、国家发展改革委《关于贯彻实施国家主体功能区环境政策的若干意见》，提出"积极推进火电、钢铁、水泥等重点行业大气污染物与温室气体协同控制"。2012 年实施的《关于加快完善环保科技标准体系的意见》提出"加强不同污染物之间及其与温室气体协同控制关键技术研发，实现节能降耗、污染物减排与温室气体控制的协同增效"。

　　总体来看，这一阶段我国以削减主要污染物排放总量，改善环境质量为主，以工业污染防治为环境保护工作的重点任务。相关政策主要涉及能源、大气治理等，这些政策在设计之初，没有明确把降碳作为直接政策目标，但是具有间接降碳效果，为减污降碳协同控制奠定了较好基础。[①]

---

① 董战峰、周佳、毕粉粉、宋祎川、张哲予、彭忱、赵元浩：《应对气候变化与生态环境保护协同政策研究》，《中国环境管理》2021 年第 13 卷第 1 期，第 25～34 页。

第二阶段为减污降碳协同控制初始政策阶段（2016~2020年）。其主要特点是国家开始考虑传统污染物总量控制与温室气体减排的协同效应，国家法律法规、政策文件、部门规章等开始将协同控制作为目标和原则性规定，并在体制机制上进行调整。标志性事件是，2016年1月1日实施的《中华人民共和国大气污染防治法》，明确提出将传统污染物与温室气体协同控制作为重要原则和要求，这是中国首次将协同控制传统大气污染物与温室气体减排写入国家法律。另外，国家及其有关部门发布的相关政策文件开始将污染物与温室气体协同减排作为指导思想或基本目标，例如，国务院印发的《"十三五"控制温室气体排放工作方案》《打赢蓝天保卫战三年行动计划》，均将协同控制温室气体和大气污染物作为总目标和总要求，可以说，在传统污染物治理和温室气体控制两方面的政策中都体现了相互协同控制。此外，部门层面在协同治理技术和政策措施方面也充分体现了减污降碳协同增效的思想，例如，生态环境部出台的《关于印发〈重点行业挥发性有机物综合治理方案〉的通知》（环大气〔2019〕53号）、《关于发布〈工业企业污染治理设施污染物去除协同控制温室气体核算技术指南（试行）〉的通知》（环办科技〔2017〕73号）等均将协同控制温室气体排放作为主要目标。2019年首次将控制温室气体排放相关数据信息纳入《中国生态环境状况公报》中。还有，体制机制也在推动实现传统大气污染物与温室气体减排协同。2018年印发的《深化党和国家机构改革方案》把国家发展改革委应对气候变化和减排的职责划转至新组建的生态环境部，为实现应对气候变化与环境污染治理的协同增效提供了体制机制保障。到2021年1月，全国所有省份生态环境部门已完成应对气候变化职能调整工作，其中约 1/4 的省份单独设立了应对气候变化处，具体负责应对气候变化、温室气体减排及国际履约等工作；多数省份是将应对气候变化与碳减排等工作纳入大气环境管理处室，或纳入对外合作处室。总体来看，各省在机构设置上控制大气污染物减排与温室气体减排的协同性较高，更多地考虑了二者的协同作用。

第三阶段为减污降碳协同增效政策快速发展阶段（2020 年 9 月以后）。2020 年 9 月 22 日，习近平主席在联合国大会上，向世界做出了"二氧化碳排放力争于 2030 年前达到峰值，努力争取 2060 年前实现碳中和"的重大宣示，这是推动减污降碳协同增效政策快速发展具有里程碑意义的事件。之后习近平主席在气候峰会等多个国际场合强调此目标，并宣布了提高中国国家自主贡献的一系列新目标、新举措、施工图。国内会议开始对减污降碳协同增效提出明确要求，2020 年 12 月 16~18 日的中央经济工作会议提出，"要继续打好污染防治攻坚战，实现减污降碳协同效应"。2021 年 3 月 15 日，中央财经委员会第九次会议强调，要实施重点行业领域减污降碳行动，工业领域要推进绿色制造，建筑领域要提升节能标准，交通领域要加快形成绿色低碳运输方式。党中央、国务院对减污降碳协同增效做出的一系列决策部署情况如表 2-1 所示。这一阶段，减污降碳协同增效也开始在多方面的政策中得到体现。2021 年 1 月，生态环境部印发《关于统筹和加强应对气候变化与生态环境保护相关工作的指导意见》（环综合〔2021〕4 号），2022 年 6 月生态环境部、国家发展改革委等 7 部委联合印发《减污降碳协同增效实施方案》（环综合〔2022〕42 号），作为我国碳达峰碳中和"1+N"政策体系的重要组成部分，我国减污降碳协同增效政策制定进入快车道。随着党的二十大和全国生态环境保护大会的召开，协同推进降碳、减污、扩绿、增长工作再次迈上新台阶。

表 2-1　党中央、国务院对减污降碳协同增效的相关决策部署

时间	会议	内容
2020 年 12 月 16 ~ 18 日	中央经济工作会议	要继续打好污染防治攻坚战，实现减污降碳协同效应
2021 年 3 月 15 日	中央财经委员会第九次会议	要实施重点行业领域减污降碳行动，工业领域要推进绿色制造，建筑领域要提升节能标准，交通领域要加快形成绿色低碳运输方式。加快推广应用减污降碳技术，建立完善绿色低碳技术评估、交易体系和科技创新服务平台
2021 年 3 月	《中华人民共和国国民经济和社会发展第十四个五年规划和 2035 年远景目标纲要》	深入打好污染防治攻坚战，建立健全环境治理体系，推进精准、科学、依法、系统治污，协同推进减污降碳，不断改善空气、水环境质量，有效管控土壤污染风险
2021 年 4 月 30 日	中央政治局第二十九次集体学习	"十四五"时期，我国生态文明建设进入了以降碳为重点战略方向、推动减污降碳协同增效、促进经济社会发展全面绿色转型、实现生态环境质量改善由量变到质变的关键时期。要把实现减污降碳协同增效作为促进经济社会发展全面绿色转型的总抓手
2021 年 8 月 30 日	中央全面深化改革委员会第二十一次会议	要从生态系统整体性出发，更加注重综合治理、系统治理、源头治理，加快构建减污降碳一体谋划、一体部署、一体推进、一体考核的制度机制
2022 年 1 月 24 日	中央政治局第三十六次集体学习	要把"双碳"工作纳入生态文明建设整体布局和经济社会发展全局，坚持降碳、减污、扩绿、增长协同推进

时间	会议	内容
2022 年 10 月	党的二十大	我们要推进美丽中国建设，坚持山水林田湖草沙一体化保护和系统治理，统筹产业结构调整、污染治理、生态保护、应对气候变化，协同推进降碳、减污、扩绿、增长，推进生态优先、节约集约、绿色低碳发展

第二节　国家层面减污降碳协同增效
政策及成效分析

我国不仅加强减污降碳协同工作的顶层设计，还在大气污染治理、水污染治理、土壤污染治理、固废治理及生态保护修复方面也协同温室气体减排，推进多层次、多领域的减污降碳协同增效。

一　总体政策

《关于统筹和加强应对气候变化与生态环境保护相关工作的指导意见》（环综合〔2021〕4 号）和《减污降碳协同增效实施方案》（环综合〔2022〕42 号）是减污降碳协同增效专门政策。另外，减污降碳协同增效在《中共中央 国务院关于深入打好污染防治攻坚战的意见》《中共中央 国务院关于全面推进美丽中国建设的意见》，能源、工业等重点领域实施方案，煤炭、钢铁等重点行业实施方案以及科技、财政等支撑保障方案中也有不同程度的体现。

（一）减污降碳协同增效专门政策

1.《减污降碳协同增效实施方案》

2022年6月，生态环境部、国家发展改革委等7部委联合印发《减污降碳协同增效实施方案》（环综合〔2022〕42号），该方案也是我国碳达峰碳中和"1+N"政策体系的重要组成部分。《减污降碳协同增效实施方案》包括面临形势、总体要求、加强源头防控、突出重点领域、优化环境治理、开展模式创新、强化支撑保障等七大部分29条，明确提出"十四五"时期乃至到2030年减污降碳协同增效工作的主要目标、重点任务和政策举措，为减污降碳协同增效订立了具体的任务书和施工图。

按照《减污降碳协同增效实施方案》，减污降碳协同增效的着力点包括以下方面。

一是紧扣重点领域，强化源头防控。加强生态环境分区管控，严格生态环境准入管理，推动能源绿色低碳转型，加快形成有利于减污降碳的产业结构、生产方式和生活方式，实现经济社会的可持续发展。推进工业、交通运输、城乡建设、农业、生态建设五大重点领域协同增效工作，把实施结构调整和绿色升级作为减污降碳的根本途径，强化资源能源节约和高效利用，充分发挥减污降碳协同治理的引领、优化和倒逼作用，推动工作取得成效。

二是坚持系统观念，优化环境治理。持续优化治理目标、治理工艺和技术路线，加强技术研发应用，推进大气污染防治、水环境治理、土壤污染治理、固体废物处置等领域减污降碳协同控制。大气污染防治方面，加大氮氧化物、挥发性有机物以及温室气体协同减排力度，推进移动源大气污染物排放和碳排放协同治理；水环境治理方面，大力推进污水资源化利用，提高工业用水效率和用能效率；土壤污染治理方面，合理规划污染地块土地用途，鼓励绿色低碳修复；固体废物处置方面，强化资源回收和综合利用，加强"无废城市"建设。

三是鼓励先行先试，开展协同创新。开展减污降碳模式创新，探索可推广、可复制的经验和样板。区域层面，在国家重大战略区域、大气污染防治重点区域、重点海湾、重点城市群，加快探索减污降碳协同增效的有效模式；城市层面，在国家环境保护模范城市、"无废城市"建设中强化减污降碳协同增效要求，探索不同类型城市减污降碳推进机制；园区层面，鼓励各类产业园区积极探索推进减污降碳协同增效；企业层面，推动重点行业企业开展减污降碳示范行动，支持打造"双近零"排放标杆企业。

四是注重统筹融合，完善政策制度。充分利用现有法律法规、标准、政策体系和统计、监测、监管能力，建立健全一体化推进减污降碳管理制度，形成激励约束并重的政策体系。加强协同技术研发应用，完善减污降碳法规标准，推动将协同控制温室气体排放纳入生态环境相关法律法规。加强减污降碳协同管理，研究探索统筹排污许可和碳排放管理，加快全国碳排放权交易市场建设。强化减污降碳经济政策，提升减污降碳基础能力。

五是加大宣传力度，讲好中国故事。全方位宣传减污降碳协同增效工作的重要意义和阶段性成效。加强国际合作，利用好现有的双边、多边环境与气候变化合作机制，拓展和深化在减污降碳领域的合作。协同推进全球应对气候变化、生物多样性保护、臭氧层保护、海洋保护、核安全等方面的国际谈判工作。加强减污降碳国际经验交流，为全球气候与环境治理贡献中国智慧、中国方案。

2. 《关于统筹和加强应对气候变化与生态环境保护相关工作的指导意见》

2021年1月，生态环境部印发《关于统筹和加强应对气候变化与生态环境保护相关工作的指导意见》（环综合〔2021〕4号）（以下简称"指导意见"），这是我国首个减污降碳协同增效的专门规章。指导意见共七章24条，具体内容包括总体要求、战略规划、政策法规、制度体系、试点示范、国际合作、保障措施等。

指导意见的主要特点包括以下方面。

一是从系统治理的角度全方位、多层次推动温室气体与污染物协同控制。[①] 指导意见强化统筹协调，提出应对气候变化与生态环境保护相关工作统一谋划、统一布置、统一实施、统一检查，建立健全统筹融合的战略、规划、政策和行动体系。要把降碳作为源头治理的"牛鼻子"，协同控制温室气体与污染物排放，推动将应对气候变化要求融入国民经济和社会发展规划，以及能源、产业、基础设施等重点领域规划，从而更好推动经济高质量发展和生态环境高水平保护的协同共进。[②] 未来，气候变化工作和生态环境保护工作的协同不是单一政策或者领域的协同，而是制度体系、政策实践、宣传等全方位、多角度的协

[①]　李媛媛、李丽平、姜欢欢、刘金淼：《加强国际合作，统筹温室气体和污染物协同控制》，《中国环境报》2021年1月22日，第3版。

[②]　柴麒敏：《全国"一盘棋"积极主动作为推动碳达峰碳中和》，《中国环境报》2021年1月25日，第2版。

同。如指导意见提出在顶层制度设计时就要进行统筹考虑，同步将温室气体和污染物的协同控制纳入制度设计中。

二是指导意见的出台实现了温室气体与污染物协同控制政策的落地，从战略规划、政策法规、制度体系、试点示范、国际合作等 5 个方面明确了应对气候变化与生态环境保护相关工作统筹融合的具体要求、重点任务和措施。该指导意见首次打破了原有法规中仅有原则性规定、没有具体可实施可操作措施的现象，让污染物和温室气体协同控制政策真正实现了落地生根，也给地方开展相关工作提供了指导。

三是指导意见突出行政资源优化配置和协同。指导意见推动制度体系统筹融合，突出行政资源优化配置和充分利用[①]，提出要充分发挥现有环境管理制度体系的优势[②]，探索生态环境调查统计和监测核算支撑温室气体清单管理工作，推动将气候变化影响纳入环境影响评价，推进企业温室气体排放数据纳入排污许可管理平台，创新机制将温室气体纳入现有生态环境执法体系和监管考核体系中，实现制度上的协同。

四是指导意见将对气候变化领域相关立法起到推动作用。当前，国家在应对气候变化方面存在立法空位，这使得加快实施采取更加有力的政策和措施往往缺乏法律依据，惩戒和威慑作用极为有限。指导意见提出，加快推动应对气候变化相关立法工作，推动碳排放权交易管理条例尽快出台，在生态环境保护、资源能源利用、国土空间开发、城乡规划

---

① 严刚、雷宇、蔡博峰、曹丽斌：《强化统筹、推进融合，助力碳达峰目标实现》，《中国环境报》2021 年 1 月 26 日，第 3 版。

② 冯相昭、田春秀：《应对气候变化与生态环境协同治理吹响集结号》，《中国能源报》2021 年 2 月 1 日，第 19 版。

建设等领域的法律法规修订过程中，推动增加应对气候变化的相关内容，有助于形成决策科学、目标清晰、市场有效、执行有力的国家气候治理体系，将为加快建立温室气体排放总量控制及碳预算分配制度提供坚实的法律保障。

五是指导意见重视协同控制的国际宣传与合作。尽管中国已在温室气体与传统污染物协同控制方面开展了大量工作，但与日本等国家相比，在宣传力度、影响力等方面仍然比较弱，国际上对中国的了解还很不够。指导意见还突出应对气候变化与生态环境履约、谈判等工作形成合力。

（二）其他综合性减污降碳协同增效政策

2021 年发布的《中共中央 国务院关于深入打好污染防治攻坚战的意见》不仅对打好污染防治攻坚战进行了全面部署与安排，同时也对减少温室气体排放提出了明确要求。文件将"实现减污降碳协同增效为总抓手"作为指导思想，将处理好减污降碳和能源安全、产业链供应链安全、粮食安全、群众正常生活的关系作为深入推进碳达峰行动的重点工作，并提出"加快构建减污降碳一体谋划、一体部署、一体推进、一体考核的制度机制"。

2024 年 1 月发布的《中共中央 国务院关于全面推进美丽中国建设的意见》提出，到 2027 年、2035 年及 21 世纪中叶美丽中国建设的目标路径、重点任务和重大政策，将"协同推进降碳、减污、扩绿、增长"作为总体要求，并将"开展多领域多层次减污降碳协同创新试点"作为美丽中国建设的重点任务之一，要求"加快实施减污降碳协同工程"，"加强温室气体、地下水、新污染物、噪声、海洋、辐射、农村

环境等监测能力建设，实现降碳、减污、扩绿协同监测全覆盖"，"把
减污降碳、多污染物协同减排、应对气候变化、生物多样性保护、新污
染物治理、核安全等作为国家基础研究和科技创新的重点领域"。

（三）涉及重点领域的减污降碳协同增效政策

（1）能源：能源部门不断完善减污降碳核查、控制和监测体系。
在增强区域环境质量改善目标对能源和产业布局的引导作用的同时，我
国不断完善能源领域碳排放核算核查、碳减排量化评估、减污降碳控制
监测等标准，研究开展能源装备重要产品全生命周期碳足迹标准研
制[①]，提升能源领域的减污降碳能力。

（2）工业：2021 年《"十四五"原材料工业发展规划》（工信部联
规〔2021〕212 号）在明确"将碳排放纳入环境影响评价"的同时，
提出"围绕碳达峰、碳中和目标节点……发挥减污降碳协同效应"；
2022 年 7 月发布的《工业领域碳达峰实施方案》（工信部联节〔2022〕
88 号）明确将"推进减污降碳协同增效"作为工作原则和目标，并提
出在水泥、玻璃、陶瓷等行业改造建设一批减污降碳协同增效的绿色低
碳生产线，实现窑炉碳捕集利用封存技术产业化示范。

（3）交通：2021 年，《绿色交通"十四五"发展规划》（交规划发
〔2021〕104 号）不仅将"牢牢把握减污降碳协同增效总要求"作为指
导思想，还将"减污降碳"作为"十四五"绿色交通发展的具体一级
指标，并在下面设置了 3 个二级量化指标，即到 2025 年，营运车辆、
营运船舶单位运输周转量二氧化碳排放，营运船舶氮氧化物（NO_x）排

---

① 《能源碳达峰碳中和标准化提升行动计划》，http://www.nea.gov.cn/2022-10/
09/c_1310668927.htm，最后访问日期：2023 年 11 月 4 日。

放总量较 2020 年分别下降 5%、3.5% 和 7%；2019 年，《柴油货车污染治理攻坚战行动方案》（环大气〔2018〕179 号）围绕"减污降碳"推进运输结构、车船结构清洁低碳改造；为加强船舶污染防控，推行水上绿色综合服务区设施建设，《关于加快沿海和内河港口码头改建扩建工作的通知》（交水发〔2023〕18 号）通过鼓励港口企业依法依规加快岸电、油气回收、封闭半封闭抑尘等设施建设或改造，推进节能减污降碳协同增效，不断提高生产效率和安全环保水平；此外，邮政快递行业还鼓励有条件的地区、企业先行先试，积极参与国家碳达峰碳中和园区、交通运输领域减污降碳等绿色低碳试点示范项目，统筹推进行业生态环境保护和节能减排①。

（4）城乡建设：2022 年 3 月印发的《深入打好城市黑臭水体治理攻坚战实施方案》（建城〔2022〕29 号）和 2021 年 5 月印发的《"十四五"城镇生活垃圾分类和处理设施发展规划》（发改环资〔2021〕642 号）分别在推进城市黑臭水体治理、生活垃圾分类等方面突出减污降碳的工作思路，开展多层次、多领域减污降碳协同创新。②

（5）农业农村：2022 年，农业农村部办公厅印发的《推进生态农场建设的指导意见》将减污降碳协同增效作为推进生态农场建设，实

---

① 《国家邮政局关于推动邮政快递业绿色低碳发展的实施意见》，https：//www.spb.gov.cn/gjyzj/c200026/202304/1b8b2de205b34d3abe8f687159d4dac8.shtml，最后访问日期：2023 年 1 月 4 日。

② 《深入打好城市黑臭水体治理攻坚战实施方案》，https：//www.mee.gov.cn/xxgk2018/xxgk/xxgk10/202207/t20220717_988842.html，最后访问日期：2023 年 11 月 4 日；《"十四五"城镇生活垃圾分类和处理设施发展规划》，https：//www.gov.cn/zhengce/zhengceku/2021-05/14/content_5606349.htm，最后访问日期：2023 年 11 月 4 日。

现农业全面绿色转型升级的重要目标。之后，农业农村部和国家发展改革委以"实施减污降碳、碳汇提升重大行动为抓手"作为总体思路，印发了《农业农村减排固碳实施方案》（农科教发〔2022〕2号）。

（四）涉及重点行业的减污降碳协同增效政策

（1）钢铁：2022年《钢铁行业节能降碳改造升级实施指南》中提出要开展绿色化、智能化、高效化电炉短流程炼钢示范，推动能效低、清洁生产水平低、污染物排放强度大的先进工艺装备，初步凸显减污降碳的工作要求；将"全面推进超低排放改造，统筹推进减污降碳协同治理"作为《关于促进钢铁工业高质量发展的指导意见》（工信部联原〔2022〕6号）的基本原则，并从建立低碳冶金创新联盟、构建钢铁生产全过程碳排放数据管理体系、推动钢铁行业超低排放改造等方面统筹推进减污降碳协同治理。

（2）石油化工：石油化工产业减污降碳以技术改造升级为重要手段，2022年《关于"十四五"推动石化化工行业高质量发展的指导意见》（工信部联原〔2022〕34号）中首次提出"构建原料高效利用、资源要素集成、减污降碳协同、技术先进成熟、产品系列高端的产业示范基地"；《石化化工行业稳增长工作方案》（工信部联原〔2023〕126号）进一步明确要加大技术改造力度，实施重点行业能效、污染物排放限额标准，瞄准能效标杆和环保绩效分级A级水平，推进炼油、乙烯、对二甲苯、甲醇、合成氨、磷铵、电石、烧碱、黄磷、纯碱、聚氯乙烯、精对苯二甲酸等行业加大节能、减污、降碳改造力度。

（3）冶金建材：推动钢铁、电解铝、水泥、平板玻璃等行业节能降碳行动一直以来是冶金、建材行业减污降碳工作的重点[①]，并且随着节能降碳技术的推广应用，两行业清洁生产水平和能源利用效率不断提升。2022 年《有色金属冶炼行业节能降碳改造升级实施指南》中首次提出合理压减终端排放，结合电解铝和铜铅锌冶炼工艺特点、实施节能降碳和污染物治理协同控制；此后，《建材行业碳达峰实施方案》（工信部联原〔2022〕149 号）也将"促进减污降碳协同增效，稳妥有序推进碳达峰工作"纳入工作原则，从强化总量控制、推动原料替代、转变用能结构、加快技术创新、推进绿色制造等五个方面促进了行业的减污降碳工作；同年 9 月，"减污降碳"作为重点任务再次纳入《建材工业"十四五"发展实施意见》（中建材联行发〔2022〕70 号）中，并强调在水泥、玻璃、陶瓷等行业逐步推动改造建设一批减污降碳协同增效的绿色低碳生产线，围绕行业节能减污降碳的重大工艺、技术、装备、产品，开展化石能源替代、低碳零碳工艺流程再造、新型绿色低碳胶凝材料、污染物超低排放、固废资源化利用等具有迭代性、颠覆性技术攻关。

（五）支撑保障减污降碳协同增效政策

（1）财政金融：2022 年 5 月，《财政支持做好碳达峰碳中和工作的意见》（财资环〔2022〕53 号）将"坚持降碳、减污、扩绿、增长协同推进"作为指导思想，并将燃煤锅炉、工业炉窑综合治理，扩大北方地区冬季清洁取暖支持范围，鼓励因地制宜采用清洁能源供暖供热等

---

① 《冶金、建材重点行业严格能效约束推动节能降碳行动方案（2021—2025 年）》，https://www.ndrc.gov.cn/xxgk/zcfb/tz/202110/P020211021702322751485.pdf，最后访问日期：2023 年 11 月 4 日。

减污降碳协同增效重点工作作为财政支持的重点领域。

（2）统计核算：碳排放统计核算是做好减污降碳工作的重要基础，自"双碳"目标提出以来，我国颁布《关于加快建立统一规范的碳排放统计核算体系实施方案》（发改环资〔2022〕622号）对相关工作进行了全面部署，进一步加强了减污与降碳在统计、核算和报告制度、数据信息应用方面的协同。

（3）科学研究：2022年9月科技部、生态环境部、住房和城乡建设部、气象局、林草局印发的《"十四五"生态环境领域科技创新专项规划》（国科发社〔2022〕238号）将"重点开展细颗粒物（$PM_{2.5}$）和臭氧（O_3）协同防治、土壤—地下水生态环境风险协同防控、减污降碳协同等关键技术研发，加强多污染物协同控制和区域协同治理"等作为我国"十四五"生态环境科技发展需求，将"研究大气污染物与温室气体减污降碳协同技术，突破区域典型工业污染物全过程精准控制及无害化资源化技术；研究突破减污降碳陆海协同精准管控技术"等作为重要任务。

（4）人才培养：2022年4月19日实施的《加强碳达峰碳中和高等教育人才培养体系建设工作方案》（教高函〔2022〕3号）将"组建一批重点攻关团队，围绕化石能源绿色开发、低碳利用、减污降碳等碳减排关键技术"作为打造高水平科技攻关平台的重点任务，为实现碳达峰碳中和目标提供坚强的人才保障和智力支持。

二　大气污染治理对温室气体协同增效的政策及成效

2016年《中华人民共和国大气污染防治法》明确提出"对颗粒物、

二氧化硫、氮氧化物、挥发性有机物、氨等大气污染物和温室气体实施协同控制"，这也是我国首次将控制温室气体减排纳入法治化轨道。国务院发布的《打赢蓝天保卫战三年行动计划》（国发〔2018〕22号）将"大幅减少主要大气污染物排放总量，协同减少温室气体排放"作为其主要目标。此后，在生态环境部印发的《重点行业挥发性有机物综合治理方案》（环大气〔2019〕53号）、《工业炉窑大气污染综合治理方案》（环大气〔2019〕56号）等大气污染防治相关文件中都明确了协同控制温室气体排放的要求。2022年，生态环境部联合14部委印发的《深入打好重污染天气消除、臭氧污染防治和柴油货车污染治理攻坚战行动方案》（环大气〔2022〕68号）明确从推动产业结构和布局优化调整、推动能源绿色低碳转型、开展传统产业集群升级改造三个方面开展大气减污降碳协同增效行动，并针对京津冀及周边清洁取暖工作重点地区提出针对性攻坚措施。

根据实施情况，《打赢蓝天保卫战三年行动计划》（国发〔2018〕22号）实施期间，各类结构调整措施累计减少碳排放5.1亿吨，末端治理措施累计增加碳排放1600万吨，累计减排4.9亿吨。《打赢蓝天保卫战三年行动计划》在能源、产业、交通、用地四大结构调整和专项治理行动方面实施了一系列重大举措，其中对全国CO_2协同减排效果最明显的措施是落后产能淘汰、"散乱污"企业综合整治和农村清洁取暖，分别贡献了总减排量的26%、26%和23%。[1]

温室气体除了二氧化碳以外，还包括甲烷、氢氟碳化物等非二氧

---

[1]　陈迎主编《"双碳"目标与绿色低碳发展十四讲》，人民日报出版社，2023，第115~120页。

化碳气体。2014 年印发的《2014—2015 年节能减排低碳发展行动方案》（国办发〔2014〕23 号）就要求"加强对氢氟碳化物（HFCs）排放的管理，加快氢氟碳化物销毁和替代"，"十二五"和"十三五"控制温室气体排放工作方案中也都相继明确控制氢氟碳化物等非二氧化碳温室气体排放的具体政策措施，此后，"有效控制二氧化碳、甲烷、氢氟碳化物、全氟化碳、六氟化硫等温室气体排放"也在《中共中央 国务院关于加快推进生态文明建设的意见》中再次明确。《中共中央 国务院关于完整准确全面贯彻新发展理念做好碳达峰碳中和工作的意见》、《中共中央 国务院关于深入打好污染防治攻坚战的意见》及《减污降碳协同增效实施方案》（环综合〔2022〕42 号）也分别对甲烷等非二氧化碳温室气体管控、深化消耗臭氧层物质和氢氟碳化物环境管理做出了明确要求。

关于甲烷管控，生态环境部等 11 部门于 2023 年 11 月发布《甲烷排放控制行动方案》（环气候〔2023〕67 号），其中提出，将"强化大气污染防治与甲烷排放控制协同"作为工作原则，将"加强污染物与甲烷协同控制"作为重要任务之一，要求"强化污染物与甲烷协同控制措施"，包括构建污染物减排与甲烷排放控制一体推进的治理体系、推进垃圾填埋场恶臭污染物与甲烷协同控制、鼓励对废水有机物含量高以及可生化性较好的行业依法依规与城镇污水处理厂协商水污染物纳管浓度等，提出"到 2025 年，污染治理与甲烷排放协同控制能力明显提升"，还要求"优化协同治理技术路线。制定重点领域污染物与甲烷协同控制技术指南"等。

对于氢氟碳化物的管理，《〈关于消耗臭氧层物质的蒙特利尔议定书〉基加利修正案》于 2021 年 9 月 15 日对中国正式生效（暂不适用于香港特别行政区）。为切实履行该修正案并加强 HFCs 管控，中国修订 2018 年《消耗臭氧层物质管理条例》将氢氟碳化物纳入受控清单，研究修订《消耗臭氧层物质进出口管理办法》，启动编制《中国履行〈关于消耗臭氧层物质的蒙特利尔议定书〉国家方案》，并在 2021 年发布《中国受控消耗臭氧层物质清单》，将 HFCs 纳入管控范围。根据评估，履行修正案的管控要求可使 HFCs 排放量在 21 世纪末降至每年 10 亿吨 CO_2 当量以下，每年避免 56 亿~87 亿吨 CO_2 当量排放，最多可避免全球平均气温升高 0.5℃，体现了大气污染治理对非二氧化碳温室气体减排的协同增效。[①]

三 水污染治理对温室气体协同增效的政策及成效

水污染治理领域也是温室气体减排的一个战场。[②] 污水处理过程中的碳排放包括直接排放和间接排放。直接排放包括污水输送，处理过程中产生并逸出的 CH_4、N_2O 和 CO_2 等温室气体排放，同时也包括残余物质降解过程中产生的温室气体排放。间接排放指污水处理过程中的电耗、能耗、药剂等引致的碳排放。

研究表明，2015 年全国整个污水处理行业（市政污水、农村生活污水、工业污水和畜禽与水产养殖废水）的碳排放总量为 1.97 亿吨

---

① 《〈基加利修正案〉的历史脉络与近期风波》，https://iigf.cufe.edu.cn/info/1012/5841.htm，最后访问日期：2023 年 11 月 5 日。

② 郭媛媛、于宝源：《吴丰昌：水污染防治领域也是降碳的一个战场》，《环境保护》2022 年第 50 卷第 6 期，第 30~34 页。

CO_2eq，占全国温室气体排放总量的 1.71%。其中，市政污水行业的碳排放强度稳定在 0.92$kgCO_2eq/m^3$ 左右，若沿用当前的排放强度，我国市政污水行业将在 2030 年排放 8316 万吨 CO_2eq 温室气体，整个污水行业将产生碳排放 3.65 亿吨 CO_2eq，占全国总排放量的 2.95%。[①]

相关政策已经明确要求推动水污染治理方面的减污降碳。2021 年 11 月 2 日发布的《中共中央 国务院关于深入打好污染防治攻坚战的意见》对水污染治理减污降碳协同有明确要求，提出"实施国家节水行动，强化农业节水增效、工业节水减排、城镇节水降损。推进污水资源化利用和海水淡化规模化利用"。此后，重点流域水环境的减污降碳成为我国关注的焦点，2021 年国家发展改革委、水利部、住房和城乡建设部、工业和信息化部、农业农村部发布的《关于印发黄河流域水资源节约集约利用实施方案的通知》（发改环资〔2021〕1767 号）第六条即"推动减污降碳协同增效"，要求构建健康的自然水循环和社会水循环体系，坚持"节水即减排""节水即治污"理念，在取水、用水、水处理、污水资源化利用等全过程中强化节水，探索"供—排—净—治"设施建设运维一体化改革，减少污水处理能源消耗和碳排放，鼓励相关企业因地制宜发展沼气发电、分布式光伏发电以及推广区域热电冷联供，提升数字化智能化管理水平等。《重点流域水生态环境保护规划》也立足"减污降碳协同增效"总体思想，通过推进区域再生水循环利用和加强湖泊和湿地生态保护，着力推进水生态环境保护及经济社

---

① 《污水处理行业的碳排放有哪些？污水处理厂碳减排路径分析展望》，https://www.xianjichina.com/special/detail_508873.html，最后访问日期：2023 年 11 月 4 日。

会绿色转型；《"十四五"重点流域水环境综合治理规划》（发改地区〔2021〕1933号）提出，从因地制宜发展资源节约型、环境友好型产业以及加大流域上游地区污染防治和环境治理力度两方面，提高减污降碳能力。2023年2月，国家发展改革委等部门印发的《关于全面巩固疫情防控重大成果 推动城乡医疗卫生和环境保护工作补短板强弱项的通知》（发改环资〔2023〕224号）中提出"积极推进污水资源化利用，开展污水处理减污降碳协同增效行动，建设污水处理绿色低碳标杆厂"。2023年12月，国家发展改革委等部门印发《关于推进污水处理减污降碳协同增效的实施意见》（发改环资〔2023〕1714号），提出要协同推进污水处理全过程污染物消减与温室气体减排。[①]

四　土壤污染治理对温室气体协同增效的政策及成效

土壤也是陆地碳循环的中枢，具有巨大的固碳潜力，受污染的土壤修复后其表面生长的植被，对于二氧化碳的固定，以及土壤碳汇增加具有积极促进作用。全球农业减排的技术潜力高达每年5500~6000Mt（兆吨）CO_2当量，其中90%来自减少土壤CO_2释放（即土壤固碳），农业土壤固碳减排成为全球气候变化研究热点之一。[②] 联合国政府间气候变化专门委员会（IPCC）第四次评估报告指出：农业近90%的减排份额可以通过土壤固碳减排实现。

---

① 《国家发展改革委 住房城乡建设部 生态环境部关于推进污水处理减污降碳协同增效的实施意见》，中国政府网，https://www.gov.cn/zhengce/zhengceku/202312/content_6923468.htm，最后访问日期：2024年4月28日。

② 《土壤固碳——拯救全球变暖》，https://www.cas.cn/kxcb/kpwz/201407/t20140702_4147160.shtml，最后访问日期：2023年11月4日。

我国也十分重视在土壤污染治理的同时协同控制温室气体排放。2021 年生态环境部联合 6 部委组织编制的《"十四五"土壤、地下水和农村生态环境保护规划》（环土壤〔2021〕120 号）就将"把握减污降碳协同增效总要求"作为指导思想。《中华人民共和国国民经济和社会发展第十四个五年规划和 2035 年远景目标纲要》中也明确提出，"协同推进减污降碳，不断改善空气、水环境质量，有效管控土壤污染风险"，明确将土壤污染控制与空气和水污染治理一起作为协同推进减污降碳的重要内容。2022 年《农业农村减排固碳实施方案》（农科教发〔2022〕2 号）以减污降碳为目标，提出要进一步提高农田土壤固碳能力。

五　固废治理对温室气体协同增效的政策及成效

固体废物的处理处置也会产生一定的温室气体排放，例如：卫生填埋过程中由于垃圾发酵可产生大量的甲烷等温室气体、堆肥在利用微生物分解过程中若处理不当也会产生温室气体泄漏、垃圾焚烧发电需要加入辅料从而间接产生温室气体排放，还可能产生二噁英、汞等污染。不同国家的固体废物对温室气体的贡献率在 2%～3.5%[①]，而且，其含有的复杂毒害物易引发水、土、气等介质复合污染。

根据联合国环境规划署的评估，改善固废回收利用及处理处置等环

---

① 席北斗：《积极推动固废综合利用减污降碳协同增效》，《中国环境报》2021 年 12 月 31 日，第 3 版。

节可使全球温室气体总排放量减少 10%~15%。① 巴塞尔公约亚太区域中心对全球 45 个国家和区域的固废管理碳减排潜力相关数据分析显示，通过提升城市、工业、农业和建筑 4 类固废的全过程管理水平，可以实现相应国家碳排放减量 13.7%~45.2%（平均 27.6%）。② 据中国循环经济协会测算，2020 年我国通过发展循环经济，共计减少二氧化碳排放约 26 亿吨；"十三五"期间，发展循环经济对我国碳减排的综合贡献率约为 25%。③

在我国，《中华人民共和国固体废物污染环境防治法》率先将减量化、资源化、无害化作为固体废物污染环境防治应坚持遵循的基本原则，提出任何单位和个人都应当采取措施，减少固体废物的产生量，促进固体废物的综合利用，降低固体废物的危害性，从而减少固体废物处理处置产生的温室气体排放量，该文件也为防治固体废物污染提供了强有力的法律支撑。此外，《中华人民共和国清洁生产促进法》和《中华人民共和国循环经济促进法》提到的"提高资源利用效率"，强化"源头减量化、过程资源化和末端无害化"的全过程控制技术路线，也会从源头减少固体废物的产生，进而协同减少温室气体排放。2021 年，《关于"十四五"大宗固体废弃物综合利用的指导意见》（发改环资

---

① 姜玲玲、丁爽、刘丽丽、滕婧杰、崔磊磊、杜祥琬：《"无废城市"建设与碳减排协同推进研究》，《环境保护》2022 年第 50 卷第 11 期，第 39~43 页。

② 《坚持"三化"原则 聚焦减污降碳协同增效 拓展和深化"无废城市"建设》，http://www.mee.gov.cn/zcwj/zcjd/202111/t20211118_960866.shtml，最后访问日期：2021 年 1 月 4 日。

③ 《循环经济助力碳达峰研究报告》，https://www.chinacace.org/news/uploads/2022/11/1668654470905455.pdf，最后访问日期：2023 年 11 月 4 日。

〔2021〕381 号）明确提出"强化大宗固废综合利用全流程管理，严格
落实全过程环境污染防治责任……鼓励利废企业开展清洁生产审核，严
格执行污染物排放标准，完善环境保护措施，防止二次污染"，此后在
《关于开展大宗固体废弃物综合利用示范的通知》（发改办环资〔2021〕
438 号）中逐渐明确了"到 2025 年，建设 50 个大宗固废综合利用示范
基地（以下简称'示范基地'），示范基地大宗固废综合利用率达到
75%以上，对区域降碳支撑能力显著增强"的目标，充分发挥固废综合
利用对减污降碳目标实现的协同作用。

　　"无废城市"建设是推动减污降碳协同增效的重要举措①，这种先
进的城市管理理念，在通过倒逼机制来推动城市固体废物管理的同时也
从源头上实现了减污降碳。《"十四五"时期"无废城市"建设工作方
案》（环固体〔2021〕114 号）以"推进减量化、资源化、无害化，发
挥减污降碳协同效应"为指导思想，将"实现减污降碳协同增效"纳
入基本原则，配套制定了《"无废城市"建设指标体系（2021 年
版）》，在工作目标中充分发挥"减污降碳协同增效"的作用。

六　生态保护修复对温室气体协同增效的政策及成效

　　生态保护修复在生态环境治理的同时能够吸收碳或者减少碳排放，
也是实现碳达峰碳中和目标的重要内容。其中，基于自然的解决方案
（NbS）和生物多样性保护等对减缓气候变化具有显著的增效作用。

　　加快推动基于自然的解决方案来提升吸碳能力是碳中和的另一个抓

---

① 《"无废城市"建设试点工作方案》，https：//www.gov.cn/zhengce/content/2019-
01/21/content_5359620.htm，最后访问日期：2023 年 11 月 4 日。

手。2019 年联合国气候行动峰会上，基于自然的解决方案被列为联合
国应对气候变化的九大行动领域之一。基于自然的解决方案可以通过保
护、修复、可持续管理三种类型的活动有效减缓气候变化。例如，对森
林、湿地、草地等自然生态系统开展保护，避免原生植被破坏导致的碳
排放；针对这些生态系统开展修复工作，提升碳汇功能；除此之外，可
持续管理类型的活动也可以实现固碳和减排的功能，特别是针对非二氧
化碳温室气体的减排，如农田养分管理可以显著降低氧化亚氮的排放。
与环境治理相比，基于自然的解决方案更经济、有效。例如，与污水处
理厂相比，森林和湿地能够以更低廉的成本提供水过滤和清洁服务；人
工碳捕获和封存技术需要投入较大的资金，然而自然生态系统（森林、
农田、湿地）本身已在地上、水中或土壤里储存了大量的碳，而且每
年还会吸收更多的碳，所以通过遏制森林砍伐或生态系统退化就会减少
大量碳排放。

　　根据相关评估，以中国陆地生态系统有机物质生产为基础，根据光
合作用和呼吸作用的反应方程式，估算得到中国陆地生态系统每年固定
二氧化碳的总量为 1090 亿吨，中国陆地生态系统二氧化碳的贮存总量
为 2080 亿吨。其中森林生态系统达 1470 亿吨，占总二氧化碳储存量
的 70.67%。[①]

　　2019 年 5 月发布的《生物多样性和生态系统服务政府间科学与政
策平台全体会议第七届会议工作报告》指出，在 2030 年之前有保障措
施的基于自然的解决方案将提供 37% 的气候变化缓解措施，帮助实现

---

① 欧阳志云、王效科、苗鸿：《中国陆地生态系统服务功能及其生态经济价值的初步研究》，《生态学报》1999 年第 5 期，第 19~25 页。

将气候变暖控制在 2℃ 以下的目标，并可能对生物多样性产生协同效
益。可以看出，当前阶段气候变化治理出现以基于自然的解决方案为主
的新进展，并已将其付诸实践。IPCC 于 2019 年发布的《气候变化与土
地特别报告》指出，当前人类将土地潜在的初级生产量的 1/4～1/3 用
于粮食、饲料、纤维、木材和能源。土地是许多其他生态系统功能和服
务的基础。

　　我国相关政策重视和推动基于自然的解决方案。《关于统筹和加强
应对气候变化与生态环境保护相关工作的指导意见》（环综合〔2021〕
4 号）提出"重视运用基于自然的解决方案减缓和适应气候变化，协同
推进生物多样性保护、山水林田湖草系统治理等相关工作，增强适应气
候变化能力，提升生态系统质量和稳定性"。《减污降碳协同增效实施
方案》（环综合〔2022〕42 号）也明确了"优先采用基于自然的解决
方案，加强技术研发应用，强化多污染物与温室气体协同控制，增强污
染防治与碳排放治理的协调性"。另外，我国的生态保护红线制度，采
取"基于自然的解决方案"思路，将全国生态功能最重要、生态环境最
敏感的区域保护起来，提升生态系统固碳功能，为减缓适应气候变化提
供保障。2021 年生态环境部发布的《关于实施"三线一单"生态环境分
区管控的指导意见（试行）》（环环评〔2021〕108 号）将协同推动减污
降碳作为重要内容，要求充分发挥"三线一单"生态环境分区管控对重
点行业、重点区域的环境准入约束作用，提高协同减污降碳能力。

第三节　地方层面减污降碳协同增效
政策及实践案例

一　地方减污降碳协同增效实施方案

据不完全统计，截至 2024 年 1 月，已有 31 个省（区、市）发布了减污降碳协同增效实施方案。大部分在方案中都提到"到 2025 年，全省减污降碳协同推进的工作格局基本形成；2030 年，全省减污降碳协同能力显著提升，助力实现碳达峰目标"。不同省份在其实施方案中也突出了各自重点工作。

重点任务逐渐明确。例如，《浙江省减污降碳协同创新区建设实施方案》围绕目标协同、区域协同、领域协同、任务协同、政策协同、监管协同 6 个方面，提出了加强源头防控、推进大气污染防治协同控制、推进水环境治理协同控制、推进固废污染防治协同控制、统筹保护修复和扩容增汇、开展模式创新、创新政策制度、提升协同能力等 8 方面重点任务，并且制定了建设改革、政策、实践、模式"四张清单"，突出了路径、制度和模式三大创新；山西省则是紧抓钢铁、焦化、水泥重点项目，突出太原及周边区域协同治理，通过明确试点城市、企业和园区，开展协同创新行动。

推动试点示范，探索城市减污降碳协同创新建设。如浙江省探索组织开展园区和企业层面的减污降碳协同试点工作，初步形成一批节约资源能源、协同减污降碳、提升经济效益的典型案例；大津市积极探索区域、产业园区、企业减污降碳协同增效的有效模式；山西省选择太原市、大同市、临汾市开展城市减污降碳协同创新试点，同时要求各市结合各自产业特点，至少选择 10 家重点企业开展减污降碳试点工作；广东省开展减污降碳突出贡献企业推荐工作，授予企业"减污降碳突出贡献企业"称号；安徽省铜陵市在相关试点工作中优先选择化石能源替代源头治理措施。

结合其他手段强化协同监管。一是推动碳排放影响评价纳入环评。重庆、浙江温州、江苏常州等多地充分发挥环评制度源头防控作用，开展将碳排放评价内容纳入环评的试点工作。如重庆市出台了在环评中规范开展碳排放影响评价相关文件，制定规划及建设项目环评中碳排放评价指南，涉及钢铁、火电（含热电）、建材、有色金属冶炼、化工五大重点行业以及产业园区。二是开展"三线一单"减污降碳协同管控试点。如江苏省南通市通州区从生态环境要素出发，率先在全国开展"三线一单"减污降碳协同管控试点，着力探索为减污降碳协同管控提供数据支撑的新路子。三是推动碳排放纳入排污许可证。如重庆市、河北省等地推动碳排放纳入排污许可证，加强碳排放与排污许可管理有效衔接。

二　地方重点领域减污降碳政策及相关支撑政策

推动流域减污降碳技术研发和金融支撑。2023 年 1 月施行的《山东省黄河生态保护治理攻坚战行动计划》和《陕西省黄河生态保护治理攻坚战实施方案》分别提出"有效推进减污降碳协同增效行动……开展科技创新行动，支持减污降碳协同增效、陆海统筹生态治理、黄河三角洲保护与修复等重点技术研发和集成示范""推进减污降碳协同增效……大力发展绿色金融，鼓励银行业金融机构开发减污降碳的绿色金融产品"等相关要求，不断创新绿色技术和金融手段强化多污染物与温室气体协同控制。

强化固废资源循环利用，推动减污降碳目标协同。《河北省固体废物污染环境防治条例》提出"任何单位和个人都应当采取措施，减少固体废物的产生量，推进固体废物资源化进程，提高资源节约集约循环利用，促进减污降碳协同增效，降低固体废物的危害性"要求。2022年，《上海市浦东新区固体废物资源化再利用若干规定》明确提出"浦东新区应当通过碳普惠、碳认证等制度，鼓励和支持固体废物资源化再利用企业充分发挥碳减排效益"，激励全社会参与碳减排，助力减污降碳协同增效。

推动工业领域技术创新促进减污降碳。《内蒙古自治区煤炭管理条例》提出"鼓励煤炭企业通过生态建设、工业固碳以及碳捕获、利用与封存等工程技术，实现减污降碳协同增效"。

交通领域污染防治促进减污降碳。移动源是地方减污降碳工作的重要切入点，许多地方在其"机动车和非道路移动机械排气污染防治条例"中明确，要围绕减污降碳的目标开展相关工作，如《江苏省机动车和非道路移动机械排气污染防治条例》第四条提出"县级以上地方人民政府应当加强对机动车和非道路移动机械排气污染防治工作的领导……围绕减污降碳目标完善政策措施，加大财政投入"。

财政金融政策支撑减污降碳。如江苏省发布的《省政府关于实施与减污降碳成效挂钩财政政策的通知》（苏政发〔2022〕31号）提出，"十四五"期间在全省实施与减污降碳成效挂钩的财政政策，根据排放源统计年报中各市、县（市）污染物排放总量，苏南、苏中、苏北地区分别按每吨（总磷按每百公斤）5000 元、4250 元、3750 元确定基础统筹金额，将各市、县（市）年二氧化碳排放强度与全省平均强度的比值作为基础统筹金额的调节系数，基础统筹金额与调节系数的乘积即为省财政收取的统筹资金金额，通过达标返还机制和提升奖励机制来实施；浙江省出台《关于金融支持碳达峰碳中和的指导意见》，建立信贷支持绿色低碳发展正面清单，支持高碳企业低碳化转型。

第四节　我国减污降碳协同增效政策特点

我国减污降碳协同增效政策正逐步从"弱相关"阶段进入"强联合"阶段，具有以下几个特点。

第一，我国的减污降碳协同增效政策覆盖国家法律法规、部门规章和规范性文件等，已经形成了一定体系。除了《中华人民共和国大气污染防治法》等法律体系中专门提及协同控制以外，《中华人民共和国清洁生产促进法》《中华人民共和国节约能源法》《中华人民共和国循环经济促进法》等法律从源头上控制能源、资源等，也会自动产生污染物和温室气体减排的协同效应，实现减污降碳协同增效。可以讲，推动减污降碳协同增效既是国家意愿，也有国家行动，已通过法律政策、党的要求等予以明确体现。

第二，减污降碳协同政策内涵丰富。首先，减污降碳协同增效政策是生态环境保护和温室气体减排真正实现协同增效的有机融合，不仅仅是在环境政策中提及气候减缓和适应相关措施，或者在气候政策中提及污染防治的简单物理拼接。其次，减污降碳协同增效中的"碳"既包括二氧化碳，也包括非二氧化碳类温室气体，《减污降碳协同增效实施方案》提出"加强消耗臭氧层物质和氢氟碳化物管理""强化非二氧化碳温室气体管控"。最后，现阶段我国减污降碳协同增效政策是在实现环境协同效益的基础上产生经济、社会和国际维度的协同，是减污降碳协同增效的更高目标，具有多方面效益。

第三，我国减污降碳协同增效政策充分反映科学性。煤炭、石油等化石能源的燃烧和加工利用，不仅产生二氧化碳等温室气体，也产生颗粒物、VOCs、重金属、酚、氨氮等大气、水、土壤污染物。减少化石能源利用，在降低二氧化碳排放的同时，也可以减少常规污染物排放。为探究污染物与温室气体协同减排效应，我国既开发了污染物与温室气体排放的机理研究[1]，也开展了方法、影响评估等方面的研究[2]。既有煤炭总量控制等政策的影响评估研究[3]，也有攀枝花、湘潭等区域城市的评估研究和水泥、钢铁等行业层面的研究[4]，还有水泥窑协同处置水

---

① 徐双双：《京津冀道路交通协同减排机理分析及政策模拟》，硕士学位论文，中国石油大学（北京），2019。

② 毛显强、邢有凯、高玉冰、何峰、曾桉、蒯鹏、胡涛：《温室气体与大气污染物协同控制效应评估与规划》，《中国环境科学》2021年第41卷第7期，第3390~3398页。

③ 张鸿宇、王媛、郝成亮、卢亚灵、金玲、连超、蒋洪强、吴立新、曹东：《双碳约束下煤化工行业节煤降碳减污协同》，《环境科学》2023年第44卷第2期，第1120~1127页。

④ 李丽平、周国梅、季浩宇：《污染减排的协同效应评价研究——以攀枝花市为例》，《中国人口·资源与环境》2010年第20卷第S2期，第91~95页；李丽平、姜苹红、李雨青、廖勇、赵嘉：《湘潭市"十一五"总量减排措施对温室气体减排协同效应评价研究》，《环境与可持续发展》2012年第37卷第1期，第36~40页。

泥等政策方面的研究①；既包括环境协同效应研究②，也包括经济效益和健康效益等评估方面的研究③。我国通过推进清洁生产、调整产业结构和优化能源结构，探索了大量可以实现大气污染物和温室气体协同治理的技术路径及政策措施。清洁生产的全过程控制强调源头和过程监管，识别和分析污染源的产排特征及影响因子。目前，我国主要通过采用先进工艺和技术降低产品能耗、提高物料利用率和回收率等措施实现协同减排。近年来，通过清洁取暖、压减过剩产能等手段，大力推进污染物减排，协同推动了能耗强度和碳排放强度的下降，积累了不少经验。总之，我国的污染物和温室气体减排协同控制政策是在污染物与温室气体具有同根、同源、同过程性质的基础上，经过科学评估研究而形成的。

第四，从国际比较角度看，我国减污降碳协同增效政策具有先进性。截至 2021 年初，美国、日本等发达国家对开展减污降碳协同增效仍然停留在协同效应的评估和研究阶段，尽管采取了一些源头治理的相关措施，但是远未上升到政策阶段，更未在法律中明确规定。自 1970 年美国《清洁空气法》公布以来，尽管经历了几次修订，但其一直关

---

① 何峰、刘峥延、邢有凯、高玉冰、毛显强：《中国水泥行业节能减排措施的协同控制效应评估研究》，《气候变化研究进展》2021 年第 17 卷第 4 期，第 400～409 页。

② 李丽平、周国梅：《切莫忽视污染减排的协同效应》，《环境保护》2009 年第 24 期，第 36～38 页。

③ 毛显强、邢有凯、胡涛、曾桉、刘胜强：《中国电力行业硫、氮、碳协同减排的环境经济路径分析》，《中国环境科学》2012 年第 32 卷第 4 期，第 748～756 页；惠婧璇：《基于中国省级电力优化模型的低碳发展健康影响研究》，博士学位论文，清华大学，2018。

注的是单一污染物的分阶段逐项控制，并没有体现多污染物协同控制的思路。后来，在企业的压力下，设立了多污染物控制（multi-P）工作组，试图提高企业的预期以减少成本，一起控制多种常规污染物，但不包括二氧化碳等温室气体。美国修法过程漫长，这意味着多污染物协同控制以及多污染物与温室气体协同控制的思想很难纳入修订的《清洁空气法》中。由于法律上没有要求，企业也不会主动去做相应的协同控制。相反，实施减污降碳协同增效是我国可持续发展的内在要求，目前我国已经将传统大气污染物与温室气体减排的协同控制列入了《中华人民共和国大气污染防治法》，并出台了《减污降碳协同增效实施方案》《关于统筹和加强应对气候变化与生态环境保护相关工作的指导意见》等专门政策文件，这是我国在减污降碳协同增效方面先进性的突出表现。不但如此，我国的减污降碳协同增效政策已经不仅仅局限于原则性规定，或只是作为指导思想提出，而是切切实实地推动了污染物减排与温室气体减排协同控制政策的落地，包括地方的政策也有充分体现，还制定了具体技术导则和操作规范等。

第五，我国减污降碳协同增效政策实践性强。截至 2024 年 1 月，31 个省（区、市）已发布减污降碳协同增效实施方案。减污降碳协同增效也已经融合到财政、教育、交通、工业等各个领域，如《财政支持做好碳达峰碳中和工作的意见》《工业领域碳达峰实施方案》《加强碳达峰碳中和高等教育人才培养体系建设工作方案》等相关政策都强调了减污降碳协同增效，这就为减污降碳协同增效政策的落实提供了坚实的基础和保障。另外，地方不仅制定专门的减污降碳协同增效政策，而且将减污降碳协同增效政策融入其他相关政策中，大大增加了减污降碳协同增效政策的落地。在印发的《"三线一单"减污降碳协同管控试点工作方案》中，江苏、山东、浙江、广东、重庆等 9 个省市和 7 个产业园区率先开展碳排放环境影响评价，聚焦电力、钢铁、建材、石化化工和有色金属等重点行业开展项目温室气体排放核算，减污降碳措施实施及政策合规性评价。此外，海南、上海、安徽等地也在自主推进工作。截至 2023 年 5 月，已有 12 个省（区、市）印发工作通知或配套技术指南，推进碳排放环境影响评价制度建设和实践，行业覆盖范围也较最初的试点范围有所扩大，如山西覆盖了煤化工、焦化行业，浙江覆盖了造纸、制革、印染、化纤行业，海南覆盖了医药和油气开采行业等。同时，《关于加强高耗能、高排放建设项目生态环境源头防控的指导意见》的印发，进一步优化了"两高"项目生态环境准入和温室气体排放管控要求，山东省印发了《高耗能高排放建设项目碳排放减量替代办法（试行）》等制度文件，明确了新上"两高"项目碳排放替代比例及替代要求。安徽省印发了《关于加快产业结构调整推动减污降碳协同增效的意见》，下辖宿州、亳州、宣城等地市也出台了相应的政策，推动任务落实。

第三章　减污降碳协同增效研究述评[*]

党的二十大报告提出，要"协同推进降碳、减污、扩绿、增长"。随着研究方法的更新，协同控制的治理体系不断完善，减污降碳的研究主题也从宏观层面的气候变化与生态环境治理协同延伸到附带的环境、经济和社会效益等。本章系统概述了国内减污降碳协同研究进展，比较了相关研究方法及针对重点对象的应用实践情况，并展望未来减污降碳协同研究的发展趋势。

第一节　减污降碳协同增效研究进展

一　国内近期研究重点及进展

自"十四五"以来，我国减污降碳协同治理相关研究的行业对象从

---

* 本章内容以《新发展，新思考——减污降碳协同研究》为题发表于《环境保护科学》，收入本书时有修改，https：//doi. org/10. 16803/j. cnki. issn. 1004 - 6216. 202308049。

最初的电力、钢铁、水泥等重点排放行业扩展到交通、农业等行业。区域层面开展的研究也从早期的上海、湘潭等城市扩展至京津冀等快速发展的城市群，此外，还对特定的工业园区开展了探索。从研究涉及的领域来看，大致分为碳减排对大气污染物减排的协同效应研究，环境治理对碳减排、气候变化的协同效应研究，减污降碳对策措施及其协同效应评价研究等三个方面。[①] 在各领域中，针对不同的问题采用的研究方法也发生了改变。萌芽阶段，学者开始注意到污染减排措施对减缓碳排放具有正负协同效应[②]，并开始利用相关系数等方法对协同减排的效益进行评估；发展阶段，学界主要从钢铁、电力、水泥等重点行业入手，结合LEAP、STIRPAT模型探究碳排放与大气污染物间协同减排的关系，同时，VOCs作为形成细颗粒物、臭氧等二次污染物的重要前体物，其与CO_2减排的协同效应也引起了学界关注[③]；现阶段，学者们除了利用模型结合情景分析对未来减排情景预测，还利用多模型结合地理信息系统相关方法对减污降碳协同效应的时空分布特征及驱动因素进行探究（见图3-1）。

二　文献计量分析

在中国知网（CNKI）在线数据库平台上选择中国学术期刊网络出版总库、中国博士学位论文全文数据库、中国优秀硕士学位论文全文数

① 顾斌杰、赵海霞、骆新燎、朱天源、范金鼎：《基于文献计量的减污降碳协同减排研究进展与展望》，《环境工程技术学报》2023年第13卷第1期，第85～95页。

② 李丽平、周国梅：《切莫忽视污染减排的协同效应》，《环境保护》2009年第24期，第36～38页。

③ 林家秋：《"双碳"背景下VOCs和CO_2协同减排路径研究》，《海峡科学》2023年第3期，第64～66页。

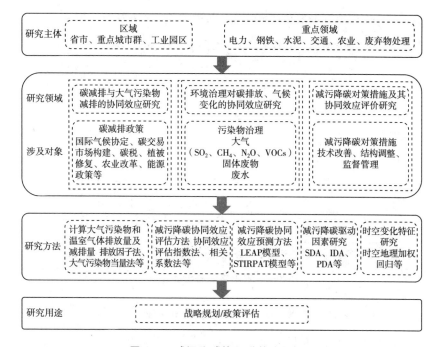

图 3-1 减污降碳协同增效分析框架

据库，以"协同减排""温室气体协同大气污染物""协同控制""协同效应""协同增效"为检索关键词，检索截至 2023 年 5 月 30 日公开发表的成果，共计 265 篇。其中，学术期刊论文 205 篇，占比约77.36%，相关硕博论文 49 篇，会议论文 11 篇。

（一）文献数量

中文研究成果按年份进行统计，结果如图 3-2 所示，可以看出"十二五"时期以前，相关研究还处于探索和起步阶段，文章成果数量较少。"十二五"时期，国家开始实施二氧化碳排放强度考核，协同治理研究文章发表数量明显提升。自"碳达峰碳中和"的发展目标明确后，减污降碳协同增效在环境管理政策中的地位不断提升，相关研究主题发文数量显著增加，并在 2022 年达到 67 篇。

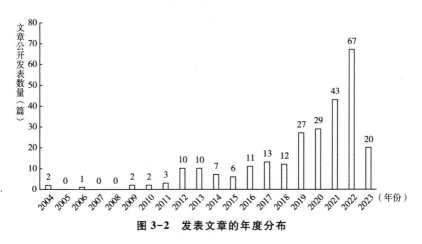

图 3-2　发表文章的年度分布

（二）主要高产作者、机构和期刊及高引文献

据统计，发文数量排在前 10 位的学者及其所属机构如表 3-1 所示，其中毛显强发文最多，共 13 篇，占该领域全部中文发文数量的 4.91%。

表 3-1　减污降碳协同研究领域中文文献主要高产作者

序号	姓名	文章数量（篇）	文章占比（%）	所属机构
1	毛显强	13	4.91	北京师范大学
2	邢有凯	11	4.15	北京师范大学
3	冯相昭	10	3.77	中国电子信息产业发展研究院
4	高玉冰	9	3.40	北京师范大学，北京亚太展望环境发展咨询中心
5	胡涛	9	3.40	美国湖石战略与发展研究所（LISD）
6	李丽平	9	3.40	生态环境部环境与经济政策研究中心

续表

序号	姓名	文章数量（篇）	文章占比（%）	所属机构
7	田春秀	8	3.02	生态环境部环境与经济政策研究中心
8	曾按	6	2.26	生态环境部环境与经济政策研究中心
9	何峰	6	2.26	北京师范大学，北京亚太展望环境发展咨询中心
10	杨宏伟	4	1.51	国家发展和改革委员会能源研究所

注：姓名栏为第一作者。

从研究成果所属的机构情况来看，清华大学占比最高，约 13.21%；其次是生态环境部环境与经济政策研究中心，占比约 10.94%；北京师范大学和中国环境科学研究院发文占比分别为 9.81% 和 8.3%，其他机构合计占比 57.74%。

表 3-2 列出了减污降碳协同研究领域被引频次最高的 10 篇文章，其中被引次数最高的是任亚运和傅京燕在 2019 年发表的《碳交易的减排及绿色发展效应研究》，被引次数达 133 次，可见大家对碳交易的碳减排及绿色协同发展效应的研究关注度逐渐增高。

表 3-2　减污降碳协同相关研究历年最为高引的十篇文章

单位：次

序号	题目	作者	发表期刊	出版年份	引用次数
1	《碳交易的减排及绿色发展效应研究》	任亚运、傅京燕	《中国人口·资源与环境》	2019	133
2	《中国电力行业硫、氮、碳协同减排的环境经济路径分析》	毛显强、邢有凯、胡涛、曾梅、刘胜强	《中国环境科学》	2012	90

续表

序号	题目	作者	发表期刊	出版年份	引用次数
3	《污染减排的协同效应评价研究——以攀枝花市为例》	李丽平、周国梅、季浩宇	《中国人口·资源与环境》	2010	72
4	《技术减排措施协同控制效应评价研究》	毛显强、曾桉、胡涛、邢有凯、刘胜强	《中国人口·资源与环境》	2011	64
5	《中国钢铁行业技术减排的协同效益分析》	马丁、陈文颖	《中国环境科学》	2015	59
6	《中国钢铁行业大气污染物排放清单及减排成本研究》	赵羚杰	《浙江大学》	2016	57
7	《协同效应对中国气候变化的政策影响》	胡涛、田春秀、李丽平	《环境保护》	2004	57
8	《实施气候友好的大气污染防治战略》	王金南、宁森、严刚、杨金田	《中国软科学》	2010	49
9	《中国钢铁行业大气污染与温室气体协同控制路径研究》	刘胜强、毛显强、胡涛、曾桉、邢有凯	《环境科学与技术》	2012	48
10	《温室气体减排与大气污染控制的协同效应——国内外研究综述》	郑佳佳、孙星、张牧吟、蒋平、朱韵	《生态经济》	2015	46

　　相关研究成果主要发表在《环境保护》《中国人口·资源与环境》《气候变化研究进展》等环境类期刊上（见表3-3），造成此类现象的原因在于我国减污降碳协同研究是以大气污染物治理为主要目的，在减污政策设计和实施过程中逐渐产生了对温室气体协同减排效应的研究。

表 3-3　减污降碳协同增效研究领域主要期刊

单位：篇，%

期刊名称	文献数量	文献占比
《环境保护》	13	4.91
《中国环境科学》	13	4.91
《中国人口·资源与环境》	10	3.77
《气候变化研究进展》	9	3.40
《环境保护》	9	3.40
《中国环境科学》	8	3.02
《中国环境管理》	7	2.64
《环境与可持续发展》	7	2.64
《生态经济》	6	2.26
《环境科学研究》	6	2.26

（三）关键词分析

将 265 篇文章的标题整合后进行词频分析，结果如图 3-3 所示。"协同效应"、"协同机制"、"协同减排"、"温室气体"和"大气污染"等减污降碳研究领域的核心词语出现的频次最高。标题热点词汇中还体现了现阶段减污降碳研究的重点对象，包括工业园区、北京市、上海市等经济发达的城市和以京津冀为代表的大气污染物治理核心区域；研究所涉及的行业以钢铁、交通、水泥行业为主；研究内容不仅局限于对环境策略和措施实施后的影响评价，也出现了利用模型和情景分析对协同发展路径的探索以及围绕典型案例开展的碳排放时空变化影响因素分析，同时对减污降碳政策实施后带来的健康等社会效益也展开了相关探讨。

图 3-3　发表研究成果标题词云分析

第二节　减污降碳协同增效研究方法比较

自 20 世纪 90 年代起，自下而上（bottom-up）或自上而下（top-down）的评估方法广泛应用于温室气体与局地污染物减排的协同效益的研究。[1] 近年来，国内外研究人员针对协同控制机制、协同效益和控制成本等进行了研究，逐步建立了计算大气污染物和温室气体排放量及

[1]　Nemet G. F., Holloway T., Meier P., "Implications of Incorporating Air-quality Co-benefits into Climate Change Policymaking." *Environmental Research Letters* 5 (1), 2010, pp. 14 - 17; Deng H., Liang Q., Liu L., Anadon L. D., "Co-benefits of Greenhouse Gas Mitigation: A Review and Classification by Type, Mitigation Sector, and Geography." *Environmental Research Letters* 12 (12), 2018, pp. 12-30.

减排量的研究方法，如排放因子法和大气污染物当量法等；建立了评估减污降碳协同效应的方法，如相关系数法、协同效应评估指数法、协同减排当量法、协同控制效应坐标系法和协同控制交叉弹性法等；以及预测减污降碳协同效应的研究方法，如 LEAP 模型法和 STIRPAT 模型法等。目前，随着地理信息系统工具的发展，利用时空地理加权回归（GTWR）等方法探究减污降碳协同效应的时空分布特征及驱动因素成为研究的热点。① 此外，利用地区面板数据结合模型分析减污降碳政策的动态演变过程以及实现路径也成为政策研究的新趋势。② 多种量化工具在减污降碳协同增效研究中交叉应用，为多目标分析提供了科学合理的支撑。

　　本系列丛书往期已对相关方法概念和原理进行了详细的介绍，因而本章侧重对多种方法的比较分析（见表 3-4）。总体来看，减污降碳协同研究方法应用场景多集中在城市和重点行业，其中电力、钢铁、交通行业的研究更为集中，基于空间兴趣点、能源统计、遥感影像等多源时空数据，利用核算、遥感与 GIS 空间分析技术并结合多方法交叉的评价模型和情景预测等方法已成为主要的研究趋势。③

---

① 李泽坤、任丽燕、马仁锋、刘永强、姚丹：《基于时空地理加权回归模型的浙江省碳排放时空格局及驱动因素分析》，《宁波大学学报》（理工版）2021 年第 34 卷第 6 期，第 105~113 页。

② 孙雪妍、白雨鑫、王灿：《减污降碳协同增效：政策困境与完善路径》，《中国环境管理》2023 年第 15 卷第 2 期，第 16~23 页。

③ 黄诚：《城市碳排放的多维度评价与情景模拟》，博士学位论文，华东师范大学，2020。

表 3-4　减污降碳协同研究方法比较

类型	方法名称	说明	应用场景	参考文献序号
大气污染物和温室气体排放量及减排量测算	大气污染物排放的计算	根据不同类型污染物的排放系数或依据《城市大气污染源排放清单编制技术指南》进行核算	城市、行业	①
	大气污染物当量核算	基于污染排放（减排）当量，对各种温室气体和局地大气污染物赋予权重，整合成污染排放当量	城市、行业	②
	温室气体排放的计算	方法 1：基于燃料或过程的排放量计算。通过实测或参考缺省值方法获取不同燃料在不同使用过程中的排放因子进行计算	城市、行业、企业	③
		方法 2：简化排放系数法。根据我国第一、二次污染源普查手册，查出主要行业污染物排放系数进行计算		
	减排量核算	以特定减排政策措施和技术手段为对象，以活动水平和排放因子来估算其减排效果	行业	④
减污降碳协同效应的评估方法	协同减排核算	按照 KAYA 公式计算经济总量和单位能源/煤炭排放强度两个主要因素对污染物排放的影响	城市、行业	⑤
	相关系数法	依据各国的能源消费量与对应的 CO_2、SO_2 排放量来计算其相关系数，分析能源消费与 CO_2、SO_2 的排放量相关性	行业	⑥
	协同效应系数	使用减排量弹性系数定量描述温室气体与大气污染的协同减排效应	国家、城市、行业	⑦

续表

类型	方法名称	说明	应用场景	参考文献序号
减污降碳协同效应的评估方法	协同减排当量法	通过大气污染物协同减排当量指标APeq，将减排效果归一化以反映多污染物协同减排的线性累积效果	行业	⑧
	协同效应评估指数法	通过对 PTSMA 实施前后活动水平数据的变化，计算出污染物和温室气体排放量的变化。再基于所构建的协同效应评估指数对 PTSMA 的实施进行量化评估，并根据对所评估的 PTSMA 进行优化，筛选出协同效应最佳的 PTSMA	城市政策/技术实施效果量化	⑨
	协同控制效应坐标系法	横坐标表示技术减排措施对某种大气污染物的减排效果，纵坐标表示对温室气体的减排效果，坐标系中的每个点分别对应一项技术减排措施，点位于不同象限反映减排措施对不同污染物的减排效果及其"协同"状况	城市、行业	⑩
	协同控制交叉弹性分析	ElsLAP/GHG 值为正数，则表明有减排作用，为协同措施，且数值越大，协同难度越大；反之为负数，则表明有增排作用，为不协同措施	城市、行业	⑪
	单位污染物减排成本	$C_{i,j} = \dfrac{CC_i - MB_i}{Q_{i,j}}$	城市、行业	⑫
	边际减排成本曲线（MAC）	基于各项措施的减排量或减排潜力和单位污染物减排成本的排序结果，可以绘制污染物边际减排成本（MAC）曲线	城市、行业	⑬

类型	方法名称	说明	应用场景	参考文献序号
减污降碳协同效应的评估方法	生命周期评价法（Life Cycle Assessment, LCA）	以能量流和物质流守恒为基础，针对特定产品从原料采购、加工、制造、销售、使用和丢弃或循环利用的生命周期进行的环境影响评估	国家、行业	⑭
	多量回归分析法	逐步回归，得到随机变量与一般变量的线性回归模型，并通过估计量的方差-协方差矩阵和 Logistic 模型对回归结果进行检验	城市	⑮
	减污-降碳-经济综合评价指标体系	将大气污染物减排量、工业废气治理设施、二氧化碳排放量、二氧化碳排放强度、人均 GDP 以及三大产业增量等量化指标分级并采用均值权重进行赋值，利用灰色关联度分析方法对指标数值进行综合评价	国家、城市	⑯
减污降碳协同效应的预测方法	LEAP 模型法（the Low Emission Analysis Platform）	以基准年案例城市/区域的污染物排放清单和温室气体排放清单为数据基础，结合社会经济发展规划情况和政策调控情况设计不同发展情景，并预测出在特定年份（一般以 10~30 年为时间跨度）的大气污染物和温室气体排放量	城市、行业	⑰
	CGE 模型法（Computable General Equilibrium）	以微观经济主体为基础，并通过设置清晰的微观-宏观函数关系建立起整体宏观经济模型	城市	⑱
	STIRPAT 模型法（Stochastic Impacts by Regression on Population, Affluence and Technology）	基于 IPAT 模型，引入其他可以对环境负荷造成影响的因素，构建扩展的 STIRPAT 模型	城市	⑲

续表

类型	方法名称	说明	应用场景	参考文献序号
减污降碳驱动因素的研究方法	结构分解分析模型（Structural Decomposition Analysis, SDA）	基于投入产出表数据，通过建立整个经济系统的模型，从而用于分析温室气体、能源消费和污染物的驱动因素	城市、行业	⑳
	指数分解分析模型（Index Decomposition Analysis, IDA）	根据 IPCC 计算公式，计算经济规模扩张、产业结构调整、能源强度降低、能耗结构变化和碳排放系数变动对碳排放总水平的影响	城市、行业	㉑
	生产分解分析模型（PDA）	经济系统中目标变量的变动分解为能源结构、能源强度、产业规模、产业结构等独立自变量变动的积，以测度各自变量对目标变量变动贡献的大小	行业	㉒
时空变化特征研究方法	空间自相关性分析	全局空间自相关是对属性在整个区域空间分布特征的描述，用于判断研究区域某一要素或现象在空间是否具有聚集特征存在；局部空间相关性分析可以进一步识别局部区域碳排放集聚区位，以便有效探究各区域与其相邻区域的碳排放量空间相关程度及显著水平	城市	㉓
	地理加权回归模型	借助 ArcGIS 软件的空间关系建模工具对碳排放进行空间计量分析	城市、行业	㉔
	时空地理加权回归模型	在地理加权回归模型的基础上加入了时间效应	城市	㉕

注：①钟曜谦：《面向云南空气质量预测的区域大气污染物排放源清单及其数值模拟校核研究》，博士学位论文，昆明理工大学，2022；②Mao X. Q., Zeng A., Hu T., Xing Y. K., Zhou J., Liu Z. Y., "Co-control of Local Air Pollutants and CO_2 in the Chinese Iron and Steel Industry." *Environmental Science & Technology* 47（21），2013，pp. 12002-12010；③吴帅锦：《有色行业温室气体排放核算标准化工作现状及展望》，《中国有色金属》2023 年第 2 期，第 40~43 页；④冉纯嘉、任焕焕、刘昊林、独威：《纯电动乘用车使用环节碳减

排量核算方法研究》，《中国汽车》2022 年第 8 期，第 24~29 页；⑤万芸菲、崔阳阳、吴雪芳、沈岩、薛亦峰：《京津冀区域二氧化碳排放特征及其与大气污染物协同减排潜力分析》，《首都师范大学学报》（自然科学版）2022 年第 43 卷第 4 期，第 46~52 页；⑥宋飞、付加锋：《世界主要国家温室气体与二氧化硫的协同减排及启示》，《资源科学》2012 年第 34 卷第 8 期，第 1439~1444 页；⑦刘茂辉、刘胜楠、李婧、孙猛、陈魁：《天津市减污降碳协同效应评估与预测》，《中国环境科学》2022 年第 42 卷第 8 期，第 3940~3949 页；⑧毛显强、曾桉、胡涛、邢有凯、刘胜强：《技术减排措施协同控制效应评价研究》，《中国人口·资源与环境》2011 年第 21 卷第 12 期，第 1~7 页；⑨俞珊、张双、张增杰、瞿艳芝、刘桐珅：《北京市"十四五"时期大气污染物与温室气体协同控制效果评估研究》，《环境科学学报》2022 年第 42 卷第 6 期，第 499~508 页；⑩毛显强、曾桉、胡涛、邢有凯、刘胜强：《技术减排措施协同控制效应评价研究》，《中国人口·资源与环境》2011 年第 21 卷第 12 期，第 1~7 页；⑪高玉冰、邢有凯、何峰、蒯鹏、毛显强：《中国钢铁行业节能减排措施的协同控制效应评估研究》，《气候变化研究进展》2021 年第 17 卷第 4 期，第 388~399 页；⑫王凯、郭秀锐、王晓琦、王传达、蔡斌、程水源：《京津冀地区非道路机械清单建立与政策情景分析》，《环境科学学报》2023 年第 43 卷第 5 期，第 390~397 页；⑬Yang X., Teng F., Wang G., "Incorporating Environmental Co-benefits into Climate Policies: A Regional Study of the Cement Industry in China." *Applied Energy* 112（03），2013, pp. 1446-1453；⑭贾亚雷、王继选、韩中合、庞永超、安鹏：《基于 LCA 的风力发电、光伏发电及燃煤发电的环境负荷分析》，《动力工程学报》2016 年第 36 卷第 12 期，第 1000~1009 页；⑮Lee T., Van de Meene S., "Comparative Studies of Urban Climate Co-benefits in Asian Cities: An Analysis of Relationships Between CO_2 Emissions and Environmental Indicators." *Journal of Cleaner Production* 58（01），2013, pp. 15-24；⑯王涵、李慧、王涵、王淑兰、张文杰：《我国减污降碳与地区经济发展水平差异研究》，《环境工程技术学报》2022 年第 12 卷第 5 期，第 1584~1592 页；⑰马晓晖、赵尚坤、孟亚飞、王丽芝：《基于 LEAP 模型的交通运输碳减排对策研究》，《运输经理世界》2022 年第 22 期，第 146~148 页；⑱朱佩誉：《中国碳排放驱动因素及减排路径研究》，博士学位论文，中国矿业大学（北京），2021；⑲王树芬、高冠龙、李伟、刘思敏：《2000—2020 年山西省农业碳排放时空特征及趋势预测》，《农业环境科学学报》2023 年第 42 卷第 8 期，第 1882~1892 页；⑳张晴：《基于 SDA 的华北地区碳排放变动及驱动因素研究》，《生产力研究》2022 年第 12 期，第 49~52、73 页；㉑张旺、周跃云：《北京能源消费排放 CO_2 增量的分解研究——基于 IDA 法的 LMDI 技术分析》，《地理科学进展》2013 年第 32 卷第 4 期，第 514~521 页；㉒Albrecht J., François D., Schoors K., "A Shapley Decomposition of Carbon Emissions Without Residuals." *Energy Policy* 30（9），2022, pp. 727-736；㉓张仁杰、董会忠、韩沅刚、李旋：《能源消费碳排放的影响因素及空间相关性分析》，《山东理工大学学报》（自然科学版）2020 年第 34 卷第 1 期，第 33~39 页；㉔严志翰、任丽燕、刘永强、宋俊星：《浙江省碳排放时空格局及影响因素研究》，《长江流域资源与环境》2017 年第 26 卷第 9 期，第 1427~1435 页；㉕徐海涛：《面向决策支持的城市群碳排放空间差异分析及政策仿真模拟研究》，硕士学位论文，青岛科技大学，2018。

第三节 减污降碳协同增效重点对象的应用实践

一 区域层面的应用实践

自我国"十三五"规划纲要提出"主动控制碳排放，落实减排承诺"并印发实施全国以及重点区域的污染防治行动方案以来，区域层面的减污降碳协同研究视角从重点省份逐渐覆盖至京津冀、长三角和粤港澳大湾区等重大战略区域，同时也切入排放集中的园区层面。在不同区域层级的研究尺度上，诸多研究对温室气体和污染物协同控制现状及驱动因素进行了分析。

（一）城市群层面

城市群是中国区域经济与绿色发展的主要承载形式，其战略地位与日俱增，在实现碳达峰碳中和目标下研究城市群减污降碳协同治理，是探索区域可持续发展的重要内容。对经济活力强、开放程度高、发展水平高的京津冀、长三角和粤港澳大湾区等城市群的协同治理成效开展研究，具有良好的典型示范效应。

1. 京津冀地区

京津冀地区大气环境质量改善压力大，在碳达峰碳中和发展目标下，减污降碳协同面临较大挑战。杨添棋等[①]采用京津冀温室气体-空

[①] 杨添棋、王洪昌、张辰、朱金伟、崔宇韬、谭玉玲、束韫：《京津冀及周边地区"2+26"城市结构性调整政策的 CO_2 协同减排效益评估》，《环境科学》2022年第43卷第11期，第5315~5325页。

气污染物协同控制综合评估模型（GAINS-JJJ），对 2017 年京津冀及周边地区"2+26"城市群碳协同减排效益进行了评估，结果显示产业结构调整的一系列重大举措（淘汰落后产能、工业锅炉升级改造和散乱污企业综合整治等）取得了良好的 CO_2 和大气污染物协同减排效应，而不同污染物中 NO_x 的碳协同减排效应最高。谭琦璐和杨宏伟[①]则以京津冀道路和轨道交通为对象，以协同率作为量化协同效应大小的指标，发现发展城际高速或市郊铁路、加强公路路网建设的协同效应最大。

为进一步提出未来大气污染物和 CO_2 协同减排的对策与建议，专家学者对区域层面减污降碳协同潜力及路径展开研究。任明[②]结合情景分析法，预测不同废钢供给情景下京津冀地区钢铁行业能源需求量、大气污染物（SO_2、NO_x 和 $PM_{2.5}$）排放量和水资源需求量，并提出京津冀地区钢铁行业应优先推广高导热高致密硅砖节能技术、小球烧结技术和高炉炉顶煤气干式余压发电技术等 26 项技术，可以有效协同控制能源、大气污染物和水资源。万芸菲等[③]基于情景分析法，结合减排协同率（大气污染物削减的当量值/CO_2 排放削减的当量值）、线性回归分析方法对京津冀区域内 CO_2 和主要大气污染物（SO_2、NO_x）协同减排情况进行量化评估，发现河北省能源消费以煤、油为主，工业生产量大，减排潜力较北京市、天津市更大，需持续优化产业结构并降低化石

①　谭琦璐、杨宏伟：《京津冀交通控制温室气体和污染物的协同效应分析》，《中国能源》2017 年第 39 卷第 4 期，第 25~31 页。
②　任明：《京津冀地区钢铁行业能源、大气污染物和水协同控制研究》，博士学位论文，中国矿业大学（北京），2019。
③　万芸菲、崔阳阳、吴雪芳、沈岩、薛亦峰：《京津冀区域二氧化碳排放特征及其与大气污染物协同减排潜力分析》，《首都师范大学学报》（自然科学版）2022 年第 43 卷第 4 期，第 46~52 页。

燃料消费总量。

2. 长三角地区

长三角城市群作为我国经济最发达的地区之一，城市密度大、产业活动密集，污染物排放强度高，区域性大气污染较严重，是我国大气污染防治重点区域，因此揭示长三角城市群污染物和大气 CO_2 高浓度区的空间格局及驱动因子十分必要。何月等[①]利用卫星遥感观测数据协同分析长三角地区大气 NO_2 和 CO_2 浓度的时空变化特征和驱动因子，结果表明长三角城市群地区大气 NO_2 和 CO_2 浓度的时空分布及变化特征受化石燃料燃烧和机动车排放等人为活动以及区域地形、地表覆盖、气候等自然条件的综合影响。大气 NO_2 和 CO_2 高浓度值围绕太湖明显呈西南向的 U 字形分布，一致于围绕太湖分布的杭州、上海、苏州、无锡、常州和南京等大型城市区域，以及安徽铜陵地区的工业排放区。马伟波等[②]基于减污降碳强度指标发现长三角城市群在 2003～2017 年减污降碳强度呈下降趋势。进一步通过时空地理加权回归（GTWR）方法和随机森林（RF）方法分析经济发展、产业结构、土地利用结构、人口以及气候变化对减污降碳强度指标的时空驱动特征及驱动因素重要性变迁特征。高壮飞[③]也利用对相关面板数据的整理归纳及空间自相关结合地理加权分析长三角地区空气污染与碳排放的时空特征及协同效应，并

① 何月、绳梦雅、雷莉萍、郭开元、贺忠华、蔡菊珍、方贺、张小伟、刘樱、张育慧：《长三角地区大气 NO_2 和 CO_2 浓度的时空变化及驱动因子分析》，《中国环境科学》2022 年第 42 卷第 8 期，第 3544～3553 页。

② 马伟波、赵立君、王楠、张龙江、李海东：《长三角城市群减污降碳驱动因素研究》，《生态与农村环境学报》2022 年第 38 卷第 10 期，第 1273～1281 页。

③ 高壮飞：《长三角城市群碳排放与大气污染排放的协同治理研究》，硕士学位论文，浙江工业大学，2019。

提出建立协同治理机制的相关建议和对策。唐慧阳[1]还利用 2008～2017 年长江经济带省级面板数据，揭示了产业协同集聚与污染排放之间呈倒 U 形关系，即不断提升产业协同集聚水平，污染物排放强度呈现先上升后下降的态势。

此外，李莹等[2]应用结构分解分析方法，定量研究了不同驱动因素对长三角地区及其关键行业的 CO_2 和污染物排放的贡献。发现 CO_2 前向关联（供应关系）减排的关键行业有安徽省的煤炭开采和洗选业等；而大气污染物前向关联减排的关键行业有浙江省的非金属矿物制品业等。CO_2 后向关联（需求关系）减排的关键行业为安徽省的建筑业等；大气污染物后向关联减排的关键行业为安徽省的建筑业等。并对长三角地区未来加强 CO_2 和大气污染物协同减排方案的制订提供政策建议。倪稳[3]采用多区域投入产出模型（MRIO）和基准回归模型揭示了长江经济带不同地区工业二氧化硫的协同排放量与历史排放量年均值相比出现大幅下降，协同减排的潜力显著提高。

3. 粤港澳大湾区

大湾区经济快速发展导致化石能源大量燃烧，同时也带来了 CO_2 排放和大气污染物排放加剧的环境问题，因此加强城市间的联动合作，推动粤港澳大湾区 CO_2 和大气污染物的污染协同控制是必然选择。刘

---

① 唐慧阳：《产业协同集聚对污染减排的影响研究——以长江经济带为例》，《生产力研究》2023 年第 4 期，第 38～44 页。

② 李莹、黄成、邢贞成、刘逸凡、王海鲲：《基于产业链分析的长三角地区 CO_2 与大气污染物排放研究》，《中国环境管理》2021 年第 13 卷第 6 期，第 50～60 页。

③ 倪稳：《长江经济带工业贸易隐含碳、二氧化硫转移及协同效果研究》，硕士学位论文，华东交通大学，2020。

海艳等①通过构建温室气体和大气污染物协同控制现状评价指标体系并采用耦合协调度模型测算各指标之间的耦合度，发现粤港澳大湾区温室气体和大气污染物协同控制综合指标总体呈上升趋势，其中生态环境水平指标得分相对滞后，影响了协同控制水平的提升；三地不同的环境管理体系和环境治理诉求是制约粤港澳大湾区温室气体与大气污染物协同控制发展的主要原因。陈绍晴和吴俊良②通过核算 2020 年大湾区各城市消费侧碳排放，发现大湾区城市在建筑业、服务业和电气机械制造业等行业上有较大的减排空间。林坤容③立足于技术减排的视角，提出大湾区实现节能和"减污降碳"协同目标的关键在于加大研发投入力度，进而提高能源效率和降低能源强度。

（二）省市层面

在我国，温室气体与污染物排放存在区域差异④，省市层面的减污降碳协同效应评价，早期来自李丽平等⑤对攀枝花市和湘潭市开展的协

---

① 刘海艳、于会彬、王志刚：《粤港澳大湾区温室气体和大气污染物协同控制现状分析》，《环境工程技术学报》2023 年第 13 卷第 2 期，第 455~463 页。

② 陈绍晴、吴俊良：《粤港澳大湾区消费端碳排放评估与"双碳"政策探讨》，《区域经济评论》2022 年第 2 期，第 60~66 页。

③ 林坤容：《技术减排视角下粤港澳大湾区二氧化碳和大气污染物协同控制路径研究》，硕士学位论文，广东工业大学，2022。

④ 王军锋、贺姝峒、李淑文、张墨：《我国省级温室气体和大气污染排放协同性及空间差异性研究——基于 ESDA-GWR 方法》，《生态经济》2017 年第 33 卷第 7 期，第 156~160、221 页。

⑤ 李丽平、周国梅、季浩宇：《污染减排的协同效应评价研究——以攀枝花市为例》，《中国人口·资源与环境》2010 年第 20 卷第 S2 期，第 91~95 页；李丽平、姜苹红、李雨青、廖勇、赵嘉：《湘潭市"十一五"总量减措施对温室气体减排协同效应评价研究》，《环境与可持续发展》2012 年第 37 卷第 1 期，第 36~40 页。

同减排研究，之后研究主要聚焦于实现减污降碳协同控制的驱动因素及情景模拟分析，以期为省市长期能源和环境综合管理与系统优化提供决策依据。

作为"蓝天保卫战"重点对象的京津冀大气污染传输通道，"2+26"城市以及经济发达地区是城市层面研究的重点。谢元博和李巍[1]以北京市为案例，以调控能源消费为政策研究对象，运用 LEAP 模型分析北京市在不同能源消费约束情景下主要大气污染物和温室气体在"十一五""十二五"期间的减排效果。并通过对比各用能部门的减排潜力，指出北京市重点调控工业、交通和服务业部门的化石能源消费。俞珊等[2]采用协同控制效应坐标系法、协同控制交叉弹性分析法和协同评估指数法，对"十四五"时期北京市减排措施主要大气污染物 SO_2、NO_x、PM_{10}、VOCs 和温室气体 CO_2 的协同控制效果进行了评估。进一步通过构建协同控制效应分级评估方法，对政策情景和强化情景下大气污染物和 CO_2 协同控制效应进行量化评估，建议北京市应重点关注交通领域协同减排，提高绿色出行比例，推广新能源车和货物绿色运输。刘茂辉等[3]采用协同减排当量法、协同控制效应坐标系法、减排量弹性系数法分别从总量、减排量、减排变化率 3 个方面对天津市"十二五""十三五""十四五"期间减污降碳协同效应开展评估，结果发现天津

---

① 谢元博、李巍：《基于能源消费情景模拟的北京市主要大气污染物和温室气体协同减排研究》，《环境科学》2013 年第 34 卷第 5 期，第 2057~2064 页。

② 俞珊、张双、张增杰、瞿艳芝、刘桐坤：《北京市"十四五"时期大气污染物与温室气体协同控制效果评估研究》，《环境科学学报》2022 年第 42 卷第 6 期，第 499~508 页。

③ 刘茂辉、岳亚云、李婧、苑辉：《天津"十二五"至"十四五"减污降碳协同效应》，中国环境科学学会 2022 年科学技术年会，中国江西南昌，2022。

市"十二五"和"十三五"时期减污降碳不具有协同效应,"十四五"时期减污降碳具有协同效应。进一步基于 STIRPAT 模型结合情景分析预测了天津市"十四五"及之后期间的减污降碳协同度变化趋势,揭示了天津市要严格控制温室气体排放总量,持续推动能源强度和二氧化碳排放强度的下降,合理控制人口总数、城镇化率和地区生产总值,可在"十五五"时期达到较高水平的协同治理效果。邢有凯等[①]采用措施筛选、减排量核算、协同度评估三步法,评估了唐山市城市蓝天保卫战行动协同控制局地大气污染物和温室气体效果。"十四五"时期,建设工程项目群的大规模实施在促进社会经济快速发展的同时也存在资源消耗量大、利用率低等问题,使其成为碳排放的重要来源之一。刘茜枚等[②]以陕西省为例,从社会和政府、市场、技术和项目群协同以及集成管理四个维度,识别了建设工程项目群碳排放的关键影响因素,厘清影响因素间协同作用关系,明确协同减排优化路径,从提高项目低碳设计水平、提升企业主导能力和完善相关政策法规等方面提出陕西省建设工程项目群协同减排策略。关琰珠等[③]通过梳理总结国际、国内"双碳"目标的实现路径和绿色低碳科技创新经验,结合厦门市低碳城市和生态文明建设实践,从科技、能源、产业等方面提出区域碳排放和污染物协

① 邢有凯、毛显强、冯相昭、高玉冰、何峰、余红、赵梦雪:《城市蓝天保卫战行动协同控制局地大气污染物和温室气体效果评估——以唐山市为例》,《中国环境管理》2020 年第 12 卷第 4 期, 第 20~28 页。

② 刘茜枚、杨梦芹、安玉琴:《建设工程项目群协同减排策略研究——以陕西省为例》,《项目管理技术》2023 年第 21 卷第 5 期, 第 5~10 页。

③ 关琰珠、钟寅翔、吴毅彬、陈澜韵:《科技创新与碳达峰碳中和目标下区域碳排放与污染物协同减排的调控政策研究——以厦门市为例》,《中国发展》2021 年第 21 卷第 5 期, 第 79~88 页。

同减排调控的"厦门经验"。

上海是人口密集度较高、城市化水平较高的工业化城市，能源消费需求量大、化石能源消费占比高，由于能源消费而产生的温室气体和污染物排放量不断增加。方奕[①]发现提高综合能耗的使用效率、搬迁焦化工艺、调整能源使用结构三项减排措施并举，对上海实现协同减排的效果最好，协同效应最为明显，对大气污染物减排的显著效果远胜于其他手段。

不同于大多数研究对于减排量的估算，常树诚等[②]以广东省大气污染物与 CO_2 协同减排为指引，将产业、交通运输、能源的结构优化调整和末端治理水平提升策略分析与空气质量模型方法分析结合，提出在基于协同性制定的达标策略情景下，建议优先考虑产业结构调整、在用车辆更新等与 CO_2 减排协同性较好、减排潜力较大的措施，以期达到 2025 年广东省 $PM_{2.5}$ 实现世界卫生组织第二阶段的过渡目标。

此外，还有专家学者以省市为案例探讨了城市气象条件与减污降碳的关系。成都市所在的盆地四周高山阻隔，导致大气污染物都集中在盆地底部，如果缺乏有效降雨，就容易造成大范围、持续时间长的大气危害。为了更客观地研究减污降碳背景下的成都市气象条件与大气污染相

---

① 方奕：《上海市大气污染减排协同效应研究》，硕士学位论文，上海交通大学，2020。

② 常树诚、郑亦佳、曾武涛、廖程浩、罗银萍、王龙、张永波：《碳协同减排视角下广东省 $PM_{2.5}$ 实现 WHO-II 目标策略研究》，《环境科学研究》2021 年第 34 卷第 9 期，第 2105~2112 页。

关性分析，王小红等①通过构建基于正态性检验下的相关分析模型进行了回归分析，发现臭氧、二氧化碳月均浓度受降雨量的影响较大，受降雨天数的影响较小；二氧化硫月均浓度主要受降雨天数和风速的影响较大，受降雨量的影响较小。

（三）工业园区层面

工业园区是工业活动、能源消耗、温室气体和大气污染物排放较为集中的区域，是落实减污降碳协同增效工作的重点对象。余广彬等②结合国家双碳发展目标和工业园区污染物、温室气体排放形势，分析了工业园区减污降碳的价值，并就相关工作开展提出政策建议，主要包括开展污染物和温室气体排放数据共享和管理、加强基础设施建设等。费伟良等③通过进一步分析我国工业园区减污降碳协同推进面临的问题，探索园区减污降碳协同路径：一是以排污许可证制度为核心，开展污染物和温室气体排放数据共享和管理；二是以规划环评、项目环评把关为抓手，严控环境准入；三是以清洁生产审核为契机，推动源头削减、生产全过程控制和提升资源、能源的利用率；四是推动能源转型，优化能源消耗方式，提升能源效率；五是加强园区智慧化建设，提升能源消耗和环境治理的精细化管理水平；六是组织开展减污降碳协同治理试点示范

---

① 王小红、李佳伟、胡周莹、普吉春、宋燕梅：《空气污染，气象影响有多大？——减污降碳背景下的成都市气象条件与大气污染相关性分析》，《中国生态文明》2021年第5期，第86~89页。

② 余广彬、张正芝、丁莹莹：《碳达峰和碳中和目标下工业园区减污降碳路径探析》，《低碳世界》2021年第11卷第6期，第68~69页。

③ 费伟良、李奕杰、杨铭、唐艳冬、张晓岚：《碳达峰和碳中和目标下工业园区减污降碳路径探析》，《环境保护》2021年第49卷第8期，第61~63页。

园区建设和典型案例征集。

目前，研究逐步以特定区域的工业园区为案例开展减污降碳协同相关的研究。张敏[1]以河南省18个国家级工业园区发电供热设施为研究对象，建立基于机组级别的河南省2017年国家级工业园区发电供热设施能源相关的CO_2和多种大气污染物排放清单，评估2030年不同情景下CO_2和大气污染物减排潜力，并基于协同效益评估方法，量化CO_2和大气污染物协同减排的效果，发现电厂中能效提升情景带来的协同减排效果优于能源结构调整；在工业锅炉中，余热回收情景带来的协同减排效果相对较好。杨儒浦等[2]构建工业园区减污降碳协同增效评价指标体系和评价方法，并以包头市稀土高新区（全国唯一冠有稀土专业名称的高新区，且涵盖"两高行业"）为案例园区开展了实证研究，对引导工业园区高质量发展具有重要的现实意义。

国家级经济技术开发区是我国工业园区发展的排头兵，王灿[3]以河南永城经开区为研究对象，通过建立永城经开区的温室气体和大气污染物清单并设置余热回收利用情景、可再生能源利用情景、能效技术提高情景三种情景，对园区的温室气体和大气污染物减排的潜力进行评估，建议要转变园区的发展方式，应注重提高余热回收利用率、提高企业能效技术以及增加可再生能源利用量，促进园区向绿色低碳方向转型。李

---

① 张敏：《河南省工业园区发电供热设施绿色低碳协同减排效果评估》，硕士学位论文，郑州大学，2021。

② 杨儒浦、王敏、胡敬韬、律严励、赵梦雪、李丽平、冯相昭：《工业园区减污降碳协同增效评价方法及实证研究》，《环境科学研究》2023年第36卷第2期，第422~430页。

③ 王灿：《永城经开区温室气体和大气污染物减排潜力研究》，硕士学位论文，郑州大学，2019。

可心等①采用工业园区减污降碳协同增效评价方法，引入障碍度模型，就东部沿海地区 6 个典型的国家级经济技术开发区 2015 年、2018 年、2020 年减污降碳协同增效水平进行评估分析，并建议从引领示范、深度挖掘可再生能源消费、持续优化产业结构、健全管理体系 4 个方面着手提高园区减污降碳协同发展水平。

二　重点行业/领域的应用实践

（一）电力行业

电力行业一直是我国能源消耗、大气污染物和温室气体排放的重点行业，是落实减污降碳的重点对象。目前，针对电力行业的减污降碳研究主题涉及全国和特定区域电力行业协同减排情况。毛显强等②率先在 2012 年就对中国电力行业硫、氮、碳协同减排的环境经济路径进行了分析，构建了大气污染物协同减排当量（APeq）指标，并在此基础上对电力行业技术减排措施和结构减排措施进行成本-效果评价和敏感性分析，发现以节能为主的技术减排措施、前端和生产过程控制措施，以及以新发电技术替代为主的结构减排措施可以实现 SO_2、NO_x 和 CO_2 的协同减排，且减排潜力较大。基于此研究基础，傅京燕和原宗琳③评估

① 李可心、杨儒浦、王敏、李丽平：《典型国家级经济技术开发区减污降碳协同发展研究》，中国环境科学学会 2023 年科学技术年会论文集（一），中国江西南昌，2023。

② 毛显强、邢有凯、胡涛、曾桉、刘胜强：《中国电力行业硫、氮、碳协同减排的环境经济路径分析》，《中国环境科学》2012 年第 32 卷第 4 期，第 748~756 页。

③ 傅京燕、原宗琳：《中国电力行业协同减排的效应评价与扩张机制分析》，《中国工业经济》2017 年第 2 期，第 43~59 页。

了电力行业 CO_2 与 SO_2 协同减排效应，并通过对各地区协同减排活动产生的扩张效应进行测算，发现大部分地区可通过协同减排在更大程度上发掘电力行业 SO_2 的减排潜力，而其余地区则需考虑更直接的 SO_2 减排手段。于洪海[1]通过对氨法脱硫技术的特点进行分析后发现，在不考虑脱硫系统运行过程中消耗的电力产生的 CO_2 时，氨法脱硫技术对 SO_2 和 CO_2 协同减排具备正效应，可以同时为燃煤电厂污染物减排和温室气体减排做出贡献。

在电力行业中也广泛开展了探索温室气体与多污染协同减排的研究。周颖等[2]以 2007 年能源-环境-经济投入产出表为依据，将污染物减排从大气污染物拓展至多环境要素污染物研究，得到能源环境完全消耗系数表，分析对比了采取提高可再生能源发电比重、淘汰小容量机组、发展清洁能源、发展热电联产、污染物末端治理等措施的协同减排潜力，此项研究也是较早在电力行业中探究温室气体与多污染协同减排的研究。于跃[3]在其博士学位论文中将 CO_2 和多种大气污染物的减排问题合而为一，创建了电力行业 CO_2 和大气污染物排放的 LMDI 模型，分别对 CO_2 和大气污染物的排放影响因子及驱动效果进行了分析，归纳并计算了各影响排放的关键因素及贡献率，并通过经济-社会基本假设对中国电力行业 2020~2050 年 CO_2 和大气污染物的排放进行了情景分

---

[1] 于洪海：《燃煤电厂氨法脱硫对二氧化硫与二氧化碳协同减排效应的初探》，《资源节约与环保》2016 年第 9 期，第 7~8 页。

[2] 周颖、刘兰翠、曹东：《二氧化碳和常规污染物协同减排研究》，《热力发电》2013 年第 42 卷第 9 期，第 63~65 页。

[3] 于跃：《中国电力行业二氧化碳与大气污染物协同减排的发展路径研究》，博士学位论文，太原理工大学，2021。

析。吴乐敏等①以东莞市为研究对象，基于长期能源替代规划模型（LEAP-DG）并结合情景分析，评估电气化措施在不同电力结构下的减排潜力，并发现电气化渗透速率和电力结构优化协调发展是电气化措施实现减排效益的关键，工业和交通部门加速电气化将同时降低 CO_2 和大气污染物排放，交通部门得益于燃油车和电动车的高转换效率。

技术经济性对电力行业减污降碳的路径体现了较强的约束性。张绚②以天津为典型案例城市，筛选出火电行业中各典型机组的 15 项颗粒物减排技术、13 项温室气体减排技术、10 项颗粒物温室气体协同减排技术的措施清单，结合协同成本效益分析发现，在颗粒物减排技术方面，在现有机组上加装烟气脱硫装置的协同减排效果较好；在温室气体减排技术方面，用核电厂替代火电机组的协同减排效果较好。唐松林和刘世粉③从全社会成本的角度对陆上风电并网项目的协同效益进行了研究。以山东半岛典型的 1.5MW 并网陆上风电机组和 600MW 燃煤火电机组为例，采用全生命周期分析法，比较风电和火电在化石能源能耗、温室气体和污染物排放方面的差异，测算结果显示并网陆上风电的协同效益优于火电。

① 吴乐敏、陈丙寅、欧林冲、白玉洁、刘可旋、王伟文、彭勃、王雪梅：《东莞市低碳路径下加速电气化对 CO_2 和污染物协同减排影响》，《环境科学》2023 年第 44 卷第 12 期，第 6653~6663 页。
② 张绚：《天津火电行业大气颗粒物及温室气体协同减排情景研究》，博士学位论文，南开大学，2013。
③ 唐松林、刘世粉：《并网陆上风电协同效益分析》，《生态经济》2017 年第 33 卷第 7 期，第 75~77 页。

此外，惠婧璇①研究表明，我国的气候政策也将会导致"煤电转移"现象，如内蒙古、陕西、新疆和吉林等地将需要生产更多煤电，易出现健康受损；而北京、山东、上海等发达地区因电力需求转移易出现健康受益。因此可在健康受损地区建立区域利益补偿机制以促进区域协调发展。

（二）钢铁行业

钢铁行业既是我国的基础工业产业，也是能源消耗和温室气体排放的重点行业。在"超低排放"和"碳中和"的双重背景下，"减污降碳"已成为我国钢铁行业高质量绿色发展的必由之路。毛显强等②最早对钢铁行业技术减排产生的硫、氮、碳协同减排效应进行了研究，并从环境-经济-技术角度系统地提出了钢铁行业技术减排措施对硫、氮、碳的协同控制效应评价方法，包括协同控制效应坐标系分析、污染物减排量交叉弹性（Elsa/b）分析和单位污染物减排成本评价，3 种评价方法相互配合，从多角度检验不同减排措施的协同控制效应。在此基础上，刘胜强等③通过构造大气污染物协同减排当量指标 APeq 评价某项技术措施对 SO_2、NO_x 和 CO_2 的综合减排效果，并针对 APeq、SO_2、NO_x、CO_2，基于单位（边际）污染物减排成本和减排潜力估算，讨论

---

① 惠婧璇：《基于中国省级电力优化模型的低碳发展健康影响研究》，博士学位论文，清华大学，2018。

② 毛显强、曾桉、刘胜强、胡涛、邢有凯：《钢铁行业技术减排措施硫、氮、碳协同控制效应评价研究》，《环境科学学报》2012 年第 32 卷第 5 期，第 1253 ~ 1260 页。

③ 刘胜强、毛显强、胡涛、曾桉、邢有凯、田春秀、李丽平：《中国钢铁行业大气污染与温室气体协同控制路径研究》，《环境科学与技术》2012 年第 35 卷第 7 期，第 168 ~ 174 页。

协同控制分析方法和技术措施减排路径。

节能减排措施在减排 CO_2 的同时，对大气污染物减排效果显著，是钢铁行业协同减排的研究重点。马丁和陈文颖[1]选取钢铁行业的 22 项节能减排措施，评估和比较了各项措施的减排潜力、减排成本和协同效益，并建议钢铁行业开展技术减排时，需要综合考虑减排成本、节能收益和协同效益，参考减排成本选择最经济有效的措施。烧结工序是钢铁生产过程中的主要耗能环节，黄荣彬[2]建议采取降低烧结工序能耗的协同措施，减少温室气体排放。

钢铁行业不仅是能耗和大气污染物排放的主要行业，其在生产过程中的水资源消耗也极为严重，因此许多学者针对钢铁碳-污染物-水耦合体系进行了研究。张晨凯[3]最早结合自下而上建模方式构建了行业节能减排潜力分析模型，建议由于末端治理技术潜力逐渐饱和，今后水污染控制上逐渐转向清洁生产技术和行业结构调整手段。任明[4]首先采用生命周期评价理论对不同炼钢流程的能耗、大气污染物排放和水资源消耗量进行评估，其次采用环境效益评估方法和节能供给曲线等方法评估每个节能减排技术对能源、大气污染物和水资源的影响及技术的成本有效性，最后采用运筹学理论和自下而上的建模方法建立综合动态优化模

① 马丁、陈文颖：《中国钢铁行业技术减排的协同效益分析》，《中国环境科学》2015 年第 35 卷第 1 期，第 298~303 页。
② 黄荣彬：《钢铁烧结过程中节能减排技术协同生产研究》，《中国金属通报》2020 年第 2 期，第 76~77 页。
③ 张晨凯：《工业节能减排潜力与协同控制分析——以钢铁行业为例》，硕士学位论文，清华大学，2015。
④ 任明：《京津冀地区钢铁行业能源、大气污染物和水协同控制研究》，博士学位论文，中国矿业大学（北京），2019。

型，优化技术发展路径，以期达到能源、大气污染物和水的协同控制的目的。

（三）水泥行业

近年来随着我国城镇化步伐的加快，作为基础设施建设原材料的水泥生产量增长迅猛，水泥行业也成为我国能源消耗的主要部门，同时也是 CO_2 及大气污染物的主要排放源。在"双碳"目标的约束下，我国水泥行业的能源消耗和温室气体排放控制也成为减污降碳研究的重点内容。周颖等[①]利用2007年能源环境经济投入产出模型，研究水泥行业不同减排手段主要常规污染物和 CO_2 之间的减排协同度，并结合分析结果提出了采用替代原料可以大量协同减排工业固体废物和 CO_2 的研究结论。

节能减排技术和成本考量是水泥行业减污降碳研究的重点。田璐璐等[②]采用节能供给曲线方法对31项节能技术进行筛选，并分情景对河南省水泥行业2030年节能减排潜力进行预测，发现熟料替代与燃料替代所带来的减排效果最为明显。龚越[③]在调研国内外各行业减排模型的基础上，构建了水泥行业节能减排效益模型，分析发现原料替代环节对于 SO_2 和 NO_x 的控制有较大的减排潜力；末端减排环节对于 PM 和 CO_2 的减排潜力较大，说明末端捕集 CO_2 进行减排会是未来减排的主要手

---

① 周颖、张宏伟、蔡博峰、何捷：《水泥行业常规污染物和二氧化碳协同减排研究》，《环境科学与技术》2013年第36卷第12期，第164~168页。
② 田璐璐、王姗姗、王克、岳辉、王逸欣、刘磊、张瑞芹：《河南省水泥行业节能潜力及协同减排效果分析》，《硅酸盐通报》2016年第35卷第12期，第3915~3924、3947页。
③ 龚越：《中国水泥行业大气污染物和 CO_2 排放清单及减排成本研究》，硕士学位论文，浙江大学，2022。

段。何峰等①首先测算水泥行业 24 项节能减排措施综合大气污染物协同减排量，再通过协同控制效应坐标系、交叉弹性、单位污染物减排成本等评估指标和方法，系统评估水泥行业全系列节能减排措施（或技术）协同控制效果，并表明大多数节能减排措施可协同减排局地大气污染物；协同减排潜力最大的是结构调整措施；能效提升与节能措施的协同减排成本较低，但减排潜力有限。为了揭示水泥窑协同处置废弃物节能减排的效果，吴翠华等②基于全生命周期理论分析发现水泥生产排放的 CO_2 的量从大到小依次为：常规水泥生产、水泥窑协同处置生活垃圾、水泥窑协同处置一般固废、水泥窑协同处置危废。并强调政策管控、调整能源结构、原（燃）料替代、提高能效技术、余热发电技术和 CCUS 技术是实现水泥行业碳中和目标的主要措施和手段。

（四）交通行业

交通行业的大气污染物和温室气体主要来自燃料燃烧过程，因而其主要控制途径是减少燃料燃烧过程中的大气污染物和温室气体排放量。吴潇萌③基于大样本和本地化机动车排放特征以及活动水平的数据构建多个减排情境，分析各个减排情境下中国道路机动车的节能减排效益，并通过对典型车队减排技术的协同最优化分析发现，当协同考虑未来逐

---

① 何峰、刘峥延、邢有凯、高玉冰、毛显强：《中国水泥行业节能减排措施的协同控制效应评估研究》，《气候变化研究进展》2021 年第 17 卷第 4 期，第 400～409 页。

② 吴翠华、于晓华、高军政、闫浩春、鲁垠涛、姚宏：《典型水泥窑协同处置废弃物的碳排放核算及碳减排分析》，《环境工程》2023 年第 41 卷第 7 期，第 30～36、60 页。

③ 吴潇萌：《中国道路机动车空气污染物与 CO_2 排放协同控制策略研究》，博士学位论文，清华大学，2016。

步加强的污染物减排要求时，需要逐步引入混合动力车和纯电动车来实现污染物和 CO_2 的协同减排。朱怡静等[①]以江苏省为研究对象，结合车队预测模型、COPERT 模型、排放因子法等，发现电动汽车发展引起的 CO_2 减排速率将高于污染物减排速率，碳减排成为驱动污染物协同减排的重要因素。

交通领域减污降碳研究的重点区域逐渐从单个经济发达的城市向区域城市群转移。谭琦璐和杨宏伟[②]以京津冀道路和轨道交通为对象，以协同率作为量化指标，基于情景分析对京津冀"十三五"期间 6 项关键交通政策措施控制温室气体和空气污染物的协同效应进行计算，判断比较不同政策情景的协同减排效应。徐双双[③]通过分析交通协同减排内在机理和减排政策模拟两部分来对京津冀地区的协同减排潜力进行研究，发现京津冀道路交通碳排放并不是三个地区内的孤立问题，要抓住关键变量实现区域内的交通协同减排；交通减排潜力取决于燃油车和电动车能耗的技术进步速度，只有发电结构实现低碳化转型才能更充分发挥电动车政策的优势。王碧云等[④]根据现有经济、技术和政策规划设计了 5 种减排情景，分析了广东非珠三角地区不同减排情景下的减排量，

① 朱怡静、刘丽娜、王海鲲：《江苏省道路客运电动化对碳与大气污染物的协同减排效应》，《南京大学学报》（自然科学）2022 年第 58 卷第 6 期，第 989～997 页。

② 谭琦璐、杨宏伟：《京津冀交通控制温室气体和污染物的协同效应分析》，《中国能源》2017 年第 39 卷第 4 期，第 25～31 页。

③ 徐双双：《京津冀道路交通协同减排机理分析及政策模拟》，硕士学位论文，中国石油大学（北京），2019。

④ 王碧云、刘永红、廖文苑、李丽、丁卉、陈进财：《非珠三角机动车尾气控制措施协同效果评估》，《环境科学与技术》2019 年第 42 卷第 6 期，第 176～183 页。

定量分析了不同减排情景对多污染物的协同控制效应及成本效益,研究发现提高排放标准对 CO_2 与 $PM_{2.5}$ 的协同减排效应最好。

　　研究工具和手段的创新有助于我们对交通领域减污降碳深层次内涵的挖掘。长期能源可替代规划系统模型(LEAP)作为一种基于情景分析的能源-经济-环境综合模型,逐步被学者用于模拟分析交通能源需求、政策评估等问题。在探究交通能源需求和环境排放问题方面,于灏等[1]应用 LEAP 模型预测了北京市 2020 年在不同政策情景下的能源需求趋势和常规大气污染气体及温室气体的环境排放变化趋势,并提出在北京市对城市客运需求量逐渐增加的前提下,大力发展公共交通尤其是轨道交通以及限制私家车使用数量的增加势在必行;同时,改善终端利用层次的能源结构对于降低能源需求以及减缓大气污染压力具有重要作用。池莉[2]也利用 LEAP 模型,通过预测基准情景和两种政策情景下北京市城市客运交通 2030 年之前的能耗及污染物排放情况,强调了将公共交通的节能减排发展作为未来城市交通发展的重点,并借鉴国外的城市客运交通发展经验,提出了北京市城市客运交通节能减排发展的措施。周健等[3]和董蕾[4]分别基于 LEAP 模型设定了不同情景下厦门和四

①　于灏、杨瑞广、张跃军、汪寿阳:《城市客运交通能源需求与环境排放研究——以北京为例》,《北京理工大学学报》(社会科学版)2015 年第 15 卷第 5 期,第 10~15 页。
②　池莉:《基于 LEAP 模型的北京市未来客运交通能源需求和污染物排放预测》,硕士学位论文,北京交通大学,2014。
③　周健、崔胜辉、林剑艺、李飞:《基于 LEAP 模型的厦门交通能耗及大气污染物排放分析》,《环境科学与技术》2011 年第 34 卷第 11 期,第 164~170 页。
④　董蕾:《基于 LEAP 模型的四川省交通运输业能源消费趋势研究》,硕士学位论文,四川省社会科学院,2016。

　　川的城市交通运输业能源消费趋势，并发现在各种节能减排措施中，私家车控制措施节能减排效果最好。同时，在城市层面，潘鹏飞[1]、吴玉婷等[2]、Peng 等[3]和陈长虹等[4]分别应用 LEAP 模型对河南省、北京市、天津市和上海市等城市的交通污染减排问题进行模拟分析；在国家层面，He 和 Chen[5] 通过预测我国交通整体能耗，进而得出新能源汽车的推广对于节约能源消耗和减少污染物排放起到重要作用。

　　除道路交通外，民用航空和航运作为交通运输的重要组成部分，其温室气体排放也已成为"双碳"目标下关注的问题。王安东[6]基于不同减排激励政策从航运供应链角度探究了航运供应链减排努力和契约协同问题，发现相比于单位减排激励政策，班轮运输企业在总量排放激励政策下既能获得更多的利润，同时也符合管理部门尽可能减少排放的管理

[1]　潘鹏飞：《基于 LEAP 模型的河南省交通运输节能减排潜力分析》，硕士学位论文，河南农业大学，2014。

[2]　吴玉婷、王晓荣、何潇蓉：《基于 LEAP 模型的北京市交通能耗及环境污染排放预测》，《河北建筑工程学院学报》2018 年第 36 卷第 4 期，第 85~90、110 页。

[3]　Peng B., Du H., Ma S., et al., "Urban Passenger Transport Energy Saving and Emission Reduction Potential: A Case Study for Tianjin, China." *Energy Conversion & Management*, 102, 2015, pp: 4-16.

[4]　陈长虹、李莉、黄成、王冰妍、赵静、戴懿、章树荣、黄德马：《Leap 模型在上海市能源消耗及大气污染物减排预测中的应用》，长三角清洁能源论坛论文专辑，中国上海，2005。

[5]　He L. Y., Chen Y., "Thou Shalt Drive Electric and Hybrid Vehicles: Scenario Analysis on Energy Saving and Emission Mitigation for Road Transportation Sector in China." *Transport Policy* 25 (03), 2013, pp. 30-40.

[6]　王安东：《基于不同减排激励政策的航运供应链减排优化及协同契约研究》，硕士学位论文，浙江海洋大学，2020。

目的。韩博等[1]构建了一套符合民航特征的大气污染物与 CO_2 排放综合预测模型，并利用协同控制坐标系和协同减排弹性系数评价产生的减排协同效益，表明适当引进可持续航空燃料，加快对民航技术的改进和新动力飞机的应用是强化民航 CO_2 与 NO_x 协同减排的最佳选择。

（五）农业领域

畜禽废弃物堆肥过程产生的氨气与温室气体排放是农业领域落实减污降碳工作的重要方面。卜楚洁等[2]以湖北省为例探讨了先进管理技术对粪便管理温室气体排放因子的影响，设置了三种情景分析未来猪粪管理规模效应与技术进步带来的减排潜力，并提出若能实现猪粪管理规模扩张与技术进步的协同作用，则使用先进技术规模户数的增加可以产生更多减排潜力，相较于规模扩张与技术进步减排量的简单叠加值，协同作用下温室气体排放量可增加11%。湛卓越等[3]以鸡粪与蘑菇渣为原料，设置了9组不同条件的好氧堆肥正交实验，并进行为期45天的跟踪监测，了解好氧堆肥过程基本理化参数变化，分析 NH_3 和温室气体的排放规律及最佳减排条件，探究微生物群落与环境因子、气体排放通量之间的相关性，并提出在通风条件下进行调理剂种类及配比优选有望实现 NH_3、CH_4 和 N_2O 的协同排放。畜禽粪便中的典型重金属 Cu、Zn 单

---

① 韩博、邓志强、于敬磊、石依琳、于剑：《碳达峰目标下中国民航 CO_2 与 NO_x 减排协同效益分析》，《交通运输系统工程与信息》2022年第22卷第4期，第53～62页。

② 卜楚洁、秦军、王灿：《基于情景分析的猪粪管理温室气体减排效应研究》，《贵州大学学报》（自然科学版）2020年第37卷第1期，第112～118页。

③ 湛卓越、贺德春、姜珊、李想、胡嘉梧、毛小云、柳王荣、吴根义：《鸡粪好氧堆肥过程氨气与温室气体排放特征及协同减排机制》，《农业环境科学学报》2023年第42卷第11期，第2582～2594页。

一及复合污染对农田土壤 CO_2、CH_4、N_2O 排放的影响及微生物机制具有重要的意义。赵鸽[1]通过实验发现，Cu-Zn 复合污染条件下，无论何种肥源，Cu-Zn 复合污染对 CH_4 排放均表现为低促高抑现象，同时，Cu、Zn 单一或复合污染都显著影响了土壤硝化与反硝化相关微生物，进而影响了 N_2O 排放。

此外，曹玉博等[2]建议应加强在调节物料性质和优化供气策略的基础上，通过使用物理、化学和生物添加剂以实现堆肥过程氨气和温室气体的协同减排机理和技术研究。

干旱是农作物生产的重要限制因素之一，有研究表明，节水灌溉措施不仅可以减少稻田 CH_4 排放[3]，同时还能提高水资源的利用率并减少 TN/TP 的径流损失量[4]，减轻对自然水体的污染。孙会峰等[5]研究发现节水抗旱稻"沪旱61"可相对减少温室气体排放强度、径流量及 TN/TP 径流损失量，实现对稻田温室气体和面源污染协同减排的效果。

---

① 赵鸽：《畜禽粪便中典型重金属（Cu 和 Zn）对农田土壤 CO_2、CH_4 和 N_2O 排放的影响及微生物机制初探》，硕士学位论文，南京农业大学，2020。

② 曹玉博、张陆、王选、马林：《畜禽废弃物堆肥氨气与温室气体协同减排研究》，《农业环境科学学报》2020 年第 39 卷第 4 期，第 923~932 页。

③ Sun H., Zhou S., Fu Z., Chen G., Zou G., Song X., "A Two-year Field Measurement of Methane and Nitrous Oxide Fluxes from Rice Paddies under Contrasting Climate Conditions." *Scientific Reports* 6 (01), 2016, pp. 28-55.

④ Liang K., Zhong X., Huang N., Lampayan R. M., Liu Y., Pan J., Peng B., Hu X., Fu Y., "Nitrogen Losses and Greenhouse Gas Emissions under Different N and Water Management in a Subtropical Double-season Rice Cropping System." *Science of the Total Environment* 6 (09), 2017, pp. 46-57.

⑤ 孙会峰、周胜、张继宁、张鲜鲜、王从：《利用节水抗旱稻协同减排温室气体和面源污染效果研究》，《上海农业学报》2020 年第 36 卷第 5 期，第 79~85 页。

李健陵等①研究发现薄浅湿晒节水灌溉能够有效降低水稻生育后期的 CH_4 排放峰值，同时结合施用树脂包膜控释尿素和添加脲酶/硝化抑制剂能进一步增加水稻产量和减少稻田温室气体排放，可作为水稻生产减排增效的推广技术。

（六）废弃物处理

废弃物处理后排放的污染物也是科学推进减污降碳的重要一环。其中废水、城镇污水也是应对气候变化工作中温室气体排放核算的重要对象。② 胡香等③根据《城镇污水处理厂污染物去除协同控制温室气体核算技术指南（试行）》，核算了巢湖流域某污水处理厂的污染物去除量及温室气体排放量，并针对性地提出了曝气系统精确控制、内回流比优化、减少全流程跌水复氧、提升污水处理负荷率等减排对策。杨铭等④从工业园区废水处理全过程温室气体排放特征、排放量、排放路径、治理经验等方面开展深入研究，分析探讨该领域统筹减污降碳存在的问题并提出建议。付加锋等⑤阐释了污水处理厂污染物去除与温室气体排放

---

① 李健陵、李玉娥、周守华、苏荣瑞、万运帆、王斌、蔡威威、郭晨、秦晓波、高清竹、刘硕：《节水灌溉、树脂包膜尿素和脲酶/硝化抑制剂对双季稻温室气体减排的协同作用》，《中国农业科学》2016 年第 49 卷第 20 期，第 3958~3967 页。

② 柴春燕：《城镇污水处理厂温室气体排放规律及热岛效应研究》，博士学位论文，哈尔滨工业大学，2017。

③ 胡香、孟令鑫、侯红勋：《巢湖流域某城镇污水处理厂污染物去除协同温室气体排放研究》，《工业用水与废水》2023 年第 54 卷第 1 期，第 46~50 页。

④ 杨铭、费伟良、唐艳冬、张晓岚、郭媛媛：《工业园区废水处理协同减污降碳路径研究》，《中国环保产业》2023 年第 3 期，第 35~38 页。

⑤ 付加锋、冯相昭、高庆先、马占云、刘倩、李迎新、吕连宏：《城镇污水处理厂污染物去除协同控制温室气体核算方法与案例研究》，《环境科学研究》2021 年第 34 卷第 9 期，第 2086~2093 页。

之间的关联机制，即厌氧环境去除 COD_{Cr} 会产生 CH_4，污泥厌氧硝化过程也可产生大量 CH_4，硝化和反硝化过程中去除 TN 会产生 N_2O，并通过城镇污水处理厂污染物去除协同控制温室气体的核算边界、协同机制和核算方法，提出在碳达峰碳中和的"双碳"目标约束下，城镇污水处理厂在进行污水处理时需要全面考虑各种因素，建立协同控制的治理体系，实现减污降碳协同增效的最大化。李薇等[①]进一步明确污水处理中 COD 去除量与 CO_2 排放的关系，即：COD 排放标准提高，COD 去除率增大，CO_2 排放量也随之增大。

此外，李小璐和霍中和[②]以国有资本中的中央企业为例，分类别提出国有资本在各领域减污降碳的路径方式与措施经验。在电力行业，提出要加强能源替代降低煤电供应比例并完善能源智能调度提高稳定性；在钢铁、有色、建材行业，提出要提高资源利用率降低能源使用成本、从新型产品与一体化服务方面落实减碳；并鼓励通过综合利用氢能推广低碳固碳技术、原料替代降低化石能源消耗和提升碳捕捉及封存技术保障低碳可靠性来控制石化化工、航空、造纸的碳排放。

（七）纺织工业

同样作为支柱产业之一的纺织工业，其低碳绿色发展对工业领域实现双碳目标的意义也逐渐被学界所关注。唐政坤等[③]从全产业链分析了

---

① 李薇、汤烨、徐毅、解玉磊、贾杰林：《城市污水处理行业污染物减排与 CO_2 协同控制研究》，《中国环境科学》2014 年第 34 卷第 3 期，第 681~687 页。

② 李小璐、霍中和：《国有资本在重点排放行业减污降碳路径与措施经验》，《节能与环保》2022 年第 2 期，第 45~47 页。

③ 唐政坤、刘艳缤、徐晨烨、刘艳彪、沈忱思、李方、王华平：《面向减污降碳目标的纺织工业环境治理发展趋势》，《纺织学报》2022 年第 43 卷第 1 期，第131~140 页。

中国纺织工业产生能耗和排污的环节，剖析了纺织品从原料加工、印染加工以及成品加工过程中碳排放的主要环节和降碳潜力，然后对推动降碳的污染治理和资源回收利用前沿技术进行了归纳，最后根据绍兴市柯桥区纺织产业集群地滨海工业园的先进案例，从环境管理层面剖析了产业聚集化对行业减碳的促进作用，并指出未来纺织工业减污降碳的发展目标需要从制度、技术和管理三个层面共同落实才能实现。

三　协同政策规划

目前，减污降碳的研究不仅局限于对各项措施的减排潜力或协同度的测算，还进一步对谋划实施政策组合进行了探索。

毛显强等①就提出了一套完整的温室气体与大气污染物协同控制效应评估与规划方法：首先，采用排放因子法分别计算减排措施（减排主体）对各类温室气体（全球污染物）和局地大气污染物减排量；其次，以《中华人民共和国环境保护税法》规定的污染物当量值、税额，以及碳排放权交易价格、IPCC 发布的温室气体全球增温潜势（GWP）值等参数为依据，将全球和局地两类污染物归并为综合大气污染物排放量（QIAP），或将两类污染物减排量归并为综合大气污染物协同减排量（ICER），二者皆以综合大气污染物当量（IAPeq）计量；最后，采用协同控制效应坐标系、协同控制交叉弹性、单位污染物减排成本等评估指标和方法开展协同控制效应评估，绘制边际减排成本曲线并据其进一步

---

① 毛显强、邢有凯、高玉冰、何峰、曾桉、蒯鹏、胡涛：《温室气体与大气污染物协同控制效应评估与规划》，《中国环境科学》2021 年第 41 卷第 7 期，第 3390～3398 页。

开展协同控制成本-效果优化规划。

四　其他应用研究

　　碳排放权交易市场试点工作是我国实现碳达峰碳中和目标的重要市场化手段，其对减污降碳的促进作用也备受关注。张瑜等[①]基于 2001~2019 年中国 30 个省份的省级面板数据，利用面板回归模型和中介效应模型分析了减污降碳政策的协同效应、动态演变过程以及实现路径，推断长期而言，以碳排放交易市场为主的降碳政策的减污协同效应显著优于减污政策的降碳协同效应。朱思瑜和于冰[②]基于污染治理和政策管理的双重视角，采用多时点双重差分和倾向得分匹配方法，分别检验了排污权交易与碳排放权交易的减污和降碳效应；并在此基础上，研究三种政策情景下（排污权交易、碳排放权交易以及组合政策）的协同减排效应差异，发现在推进气候变化应对和大气污染治理机制融合的进程中，应有所侧重地推进碳排放权交易和排污权交易组合使用。叶芳羽等[③]利用中国 2004~2018 年 255 个地级及以上城市的面板数据，采用双重差分模型揭示了碳排放权交易政策表现出明显的减污降碳协同效应；并通过机制和异质性分析表明，碳排放权交易政策通过促进绿色技术创新和污染产业转移实现污染减排，其污染减排效应在规模大和工业化程

①　张瑜、孙倩、薛进军、杨翠红：《减污降碳的协同效应分析及其路径探究》，《中国人口·资源与环境》2022 年第 32 卷第 5 期，第 1~13 页。

②　朱思瑜、于冰：《"排污权"和"碳排放权"交易的减污降碳协同效应研究——基于污染治理和政策管理的双重视角》，《中国环境管理》2023 年第 15 卷第 1 期，第 102~109 页。

③　叶芳羽、单汨源、李勇、张青：《碳排放权交易政策的减污降碳协同效应评估》，《湖南大学学报》（社会科学版）2022 年第 36 卷第 2 期，第 43~50 页。

度高的城市更为显著。孙晶琪等①运用三重差分模型、空间杜宾模型及嵌套模型，研究发现：实施"双权"交易可以对碳排放和 $PM_{2.5}$ 减排产生政策协同效应，并促进区域间的协同效应；实施单一的环境规制会对非排放清单的排放物减排产生负面效果，且没有形成区域协同效应；实施"双权"交易可以提高地区绿色全要素生产率，并促进区域间的协同效应。

以法治方式和法治手段护航减污降碳协同治理，不仅能为落实碳达峰碳中和目标提供长期性制度保障，还是新时期全面深入推进依法治国的重要体现。2018 年修订的《中华人民共和国大气污染防治法》第二条第二款中就规定将"大气污染物和温室气体实施协同控制"，这是将应对气候变化与传统法律制度衔接的初步探索。② 王雨彤③提出通过立法协同、执法协同、司法协同"三位一体"建设，统筹推进减污降碳协同治理法治化；周小光和张建伟④从大气污染与气候变化协同治理的必要性出发，分析了我国大气污染与气候变化协同治理的法律缺陷并提出了相关的法律对策。

为了缓解经济增长与环境污染的矛盾，许多学者也逐渐开始探究经

---

① 孙晶琪、周奕全、王愿、张卓拉、周振茜：《市场型环境规制交互下减污降碳协同增效的效应分析》，《中国环境管理》2023 年第 15 卷第 2 期，第 48~57 页。

② 刘晶：《大气污染物和温室气体协同控制的法律分析》，中国法学会环境资源法学研究会 2018 年年会暨 2018 年全国环境资源法学研讨会论文集（理论编），湖南长沙，2018。

③ 王雨彤：《"双碳"背景下中国减污降碳协同治理的法治化路径》，《世界环境》2021 年第 4 期，第 88~89 页。

④ 周小光、张建伟：《关于大气污染与气候变化协同治理的法律思考》，《社会科学论坛》2017 年第 5 期，第 220~228 页。

济与减污降碳协同之间的关系。环保投入是全社会用于生态环境保护相关资金投入的总称，其作为绿色投资的关键内容，对优化投资结构，推动经济绿色增长具有重要作用。曾诗鸿等[①]选用我国 30 个地区 2003～2020 年的相关数据，构建面板固定效应模型和空间杜宾模型，分析环保投入与碳排放量的关联性，发现环保投入和碳排放量之间存在倒 U 形的非线性关系，环保投入不仅对本地区的碳排放有重要影响，而且表现出空间溢出效应。为协调贸易与环境发展，环境问题已成为区域协定谈判的重要议题。杨杰和胡飞[②]通过研究发现，区域贸易协定签署数量的增加和产业高级化有助于雾霾与二氧化碳的协同控制，而区域贸易协定中是否涵盖环境条款、经济发展水平及贸易开放度对雾霾控制和二氧化碳减排的功效却截然相反，均不利于雾霾与二氧化碳的协同控制。代佳庆[③]则是以"一带一路"部分合作国家为切入点，运用 LMDI 方法，发现经济规模和人口规模是促进温室气体与大气污染物排放的重要因素，而能源结构和能源强度则是影响温室气体与大气污染物排放的关键因素，且选取的共建"一带一路"国家整体双脱钩率有所提高。

---

① 曾诗鸿、王成秀、董战峰：《环保投入的碳减排协同效应研究》，《江淮论坛》2022 年第 4 期，第 30～37 页。

② 杨杰、胡飞：《区域贸易协定有助于中国温室气体和大气污染物的协同控制吗?》，《长春理工大学学报》（社会科学版）2022 年第 35 卷第 1 期，第 141～146 页。

③ 代佳庆：《"一带一路"国家温室气体和大气污染物与经济增长双脱钩研究》，硕士学位论文，山东科技大学，2020。

第四节 总结与展望

自 2022 年生态环境部等 7 部委联合印发《减污降碳协同增效实施方案》后，减污降碳协同研究范围逐步扩大，研究视角也发生了由"静"至"动"的变化。

减污降碳协同研究涉及的行业从传统的电力、钢铁等重工业行业逐步扩展至纺织等轻工业行业，内容不仅延续了传统的大气污染物与 CO_2 排放的协同研究，还从形成细颗粒物、臭氧等二次污染物的重要前体物 VOCs 切入，探究了其与 CO_2 排放的协同效应；在"双碳"目标下，利用法律手段护航减污降碳协同治理也成为政策研究的新话题。同时，碳交易市场作为碳排放管理的主要市场化手段，其对减污降碳协同增效带来的经济、社会效益也逐渐引起大家的关注。

现阶段的研究从减污政策的降碳效应或者降碳政策的减污效应单边视角逐步扩展到两者结合的双边视角，并结合数据分析等统计手段，对减污降碳协同增效的路径由传统的定性分析转为定量分析。随着中国的减污和降碳政策在不断地完善、更新和调整，不同时期的协同效应也有所不同，且具有明显的动态变化趋势。在时间尺度上，从对协同减排效益的静态评估逐渐拓展为从动态视角来考察减污降碳协同效应的演变过程和实现路径；研究的空间尺度也不仅局限于单个省市、行业的静态特征分析，多区域、多部门或多行业协同的联动分析也成为主要的研究趋势。此外，研究数据也在地区或行业传统的环评、能源数据中加入时空动态数据，结合多模型交叉分析探究协同效应的分布特征及驱动因素。

相较于减污降碳协同增效政策需要，未来还可在以下几个方面进行完善。

第一，目前行业不同政策情景协同效应的量化估算较多，但是仍缺乏将协同效应整合进政策设计或优化改进的案例研究和实践指导。[①] 未来协同减排领域的研究需要聚焦于分析多重环境政策的协同减排，并细化对不同产业、行业结构调整的环境政策实施的评价研究。

第二，针对重点区域和行业的协同研究仍以大气污染物和 CO_2 协同控制为主，对多环境要素与不同种类的温室气体协同减排缺乏定位与案例分析。下一步可将研究的重点行业进一步扩展，结合石化化工、纺织等行业主要污染物与温室气体协同减排进行深入分析，识别其特征以及协同减排重点措施。

第三，当前关于减污降碳协同增效的研究虽然由静态研究逐渐转化为动态研究，但其未来减排潜力和协同度因基准条件改变可能有较大变化，因此需要加强动态分析，才能给出更为合理的评估结果。

---

① 王灿、邓红梅、郭凯迪、刘源：《温室气体和空气污染物协同治理研究展望》，《中国环境管理》2020 年第 12 卷第 4 期，第 5~12 页。

第四章　国家重大战略区域减污降碳协同度评估[*]

《减污降碳协同增效实施方案》提出要在国家重大战略区域开展减污降碳协同创新。重大区域战略是我国重要的经济社会发展战略，目前已部署了京津冀协同发展、粤港澳大湾区建设、长三角区域一体化发展、长江经济带发展、黄河流域生态保护和高质量发展、海南全面深化改革开放等"3+2+1"六大区域战略。研究重大战略区域减污降碳协同度变化趋势将为打造区域减污降碳协同创新提供有力支撑。

协同度理论起源于 20 世纪 70 年代德国物理学家 Haken 研究复杂系统内大量性质各异子系统的自组织作用，现广泛应用于经济社会协同发展理论研究。汪明月等①综合经济、社会、环境三个要素评价了京津冀

---

* 本章内容以《重大战略区域减污降碳协同度变化研究》为题收录于《中国环境科学学会 2023 年科学技术年会论文集（一）》，收入本书时有修改。

① 汪明月、刘宇、李梦明、柳雅文、史文强：《区域碳减排能力协同度评价模型构建与应用》，《系统工程理论与实践》2020 年第 40 卷第 2 期，第 470~483 页。

地区在金融危机前后的减排整体协同度。陈艳和袁春来[①]采用数据包络分析方法研究了长江中游四大城市群的绿色低碳协同发展情况。李虹和张希源[②]评估了长三角、珠三角和京津冀地区在 2005~2013 年的区域生态创新协同度，发现三大区域生态创新协同度水平较低、协同机制尚未建立。杨传明等[③]研究发现长三角城市群高质量发展水平呈上升趋势，但协调性存在不足。在减污降碳协同研究方面，王涵等[④]、原伟鹏等[⑤]开展了相关省份减污降碳协同研究，但并未对重点区域开展对比分析。当前缺乏有关重点区域减污降碳协同度时空变化特征的研究。

　　为探究国家重大战略区域减污降碳协同推动情况，本研究以省（区、市）数据为基础，以京津冀、粤港澳、长三角、长江经济带、黄河流域、海南六大区域为研究对象，共涵盖 26 个省份，覆盖了全国 50% 的国土面积和 80% 的常住人口。将采用耦合协同度指数测算六大区域在 2012~2020 年减污降碳协同度的时空异质变化趋势，以期为科学制定区域高质量发展政策提供实证分析支撑。

---

① 陈艳、袁春来：《长江中游城市群绿色低碳协同发展分析》，《环境保护》2019 年第 47 卷第 10 期，第 57~61 页。
② 李虹、张希源：《区域生态创新协同度及其影响因素研究》，《中国人口·资源与环境》2016 年第 26 卷第 6 期，第 43~51 页。
③ 杨传明、姚楠、宋青、陈骏宇：《长三角城市群高质量发展水平测度及时空差异分析》，《华东经济管理》2022 年第 36 卷第 6 期，第 30~38 页。
④ 王涵、李慧、王涵、王淑兰：《我国减污降碳与地区经济发展水平差异研究》，《环境工程技术学报》2022 年第 12 卷第 5 期，第 1584~1592 页。
⑤ 原伟鹏、孙慧、王晶、黎炯婵、马点圆：《中国城市减污降碳协同的时空演化及驱动力探析》，《经济地理》2022 年第 42 卷第 10 期，第 72~82 页。

第一节　方法和数据

一　指标体系和评价参数

参照《减污降碳协同增效实施方案》提出的大气污染物、水环境、土壤污染和固废全环境要素与温室气体协同减排要求，结合专家学者讨论的情况，本书从降碳和减污两方面来建立评价指标体系，王涵等[1]采用了同类型指标研究全国各省减污降碳与经济综合发展水平。各地存在较大客观差异，绝对量指标难以客观反映各地减排工作推进情况，故在降碳指标中本书采用了碳排放强度和强度下降率，在减污指标中涉及大气、水和固废三方面对应污染物的减排率，形成指标体系如表 4-1 所示。

表 4-1　减污降碳评价指标体系

一级指标	二级指标	单位
降碳（S）	单位地区生产总值二氧化碳排放量（S_1）	吨 CO_2/万元 GDP
	碳排放强度下降率（S_2）	%
减污（P）	SO_2 减排率（P_1）	%
	NO_X 减排率（P_2）	%
	颗粒物减排率（P_3）	%
	COD 减排率（P_4）	%
	固废减排率（P_5）	%

---

[1]　王涵、李慧、王涵、王淑兰：《我国减污降碳与地区经济发展水平差异研究》，《环境工程技术学报》2022 年第 12 卷第 5 期，第 1584~1592 页。

二　减污降碳耦合协同度指数

参照陈岳飞等[1]二元耦合协同度测算方法，本书采用耦合协同度指数（Coupling and Coordination Index，CCI）来量化减污降碳耦合情况，计算公式如下所示。

$$C_{r,y} = \sqrt[2]{\frac{P_{r,y} \times S_{r,y}}{[(P_{r,y} + S_{r,y})/2]^2}} \qquad (4-1)$$

$$T_{r,y} = (P_{r,y} + S_{r,y})/2 \qquad (4-2)$$

$$CCI_{r,y} = \sqrt{C_{r,y} \times T_{r,y}} \qquad (4-3)$$

$$P_{r,y} = \frac{\sum_1^5 \frac{x_{i,y}}{5}}{\max(\sum_1^5 \frac{x_{i,y}}{5})} \qquad (4-4)$$

$$S_{r,y} = \frac{\sum_1^2 \frac{x_{j,y}}{2}}{\max(\sum_1^2 \frac{x_{j,y}}{2})} \qquad (4-5)$$

式中，$C_{r,y}$ 为区域 r 在 y 年的减污降碳协同度，得分为 0~1，值越大表明协同度越好；$P_{r,y}$ 和 $S_{r,y}$ 分别为区域 r 在 y 年的减污和降碳指标与各区域历年最佳水平的比值，为 0~1，计算公式如式（4-4）和（4-5）所示，参数 x 为二级指标经过 min-max 归一化处理后的值；$T_{r,y}$ 表示区域 r

---

[1]　陈岳飞、肖克、张海汝、李勇坚：《中国数字经济结构发展协同度研究》，《学习与探索》2021 年第 8 期，第 121~129 页。

在 y 年减污和降碳间耦合程度的高低；$CCI_{r,y}$ 为该区域在 y 年的减污降碳耦合协同度，得分为 0~1，并采用如表 4-2 所示的等级划分方法识别各区域所处阶段。

表 4-2　耦合协同度等级划分

耦合协同度指数得分	耦合类型
[0.9, 1.0)	优质协同
(0.8, 0.9)	良好协同
[0.7, 0.8)	中级协同
(0.6, 0.7)	初级协同
[0.5, 0.6)	接近协同
(0.4, 0.5)	濒临失衡
[0.3, 0.4)	轻度失调
(0, 0.3)	不协同

第二节　数据来源

相关省份污染物排放数据来源于《中国环境统计年鉴》，减排率由原始数据计算得出。全口径的 NO_x 和颗粒物排放自 2011 年起开始公布统计数据，其减排率从 2012 年算起，故本书的研究时间段选定为 2012~2020 年。地区生产总值和常住人口数据来源于《中国统计年鉴》，并以 2015 年为基期，计算得出人均地区生产总值增长率。碳排放指化石能源消费产生的二氧化碳排放量，由式（4-6）计算而得。

$$E_{CO_2} = A_{k,g} \times LHV_{k,g} \times TC_{k,g} \times Ox_{k,g} \times 44/12 \tag{4-6}$$

式中，$A_{k,g}$ 为在 g 领域能源品种 k 的消费量，单位为：万吨；$LHV_{k,g}$ 为该能源品种在 g 领域的低位发热量，单位为：TJ/万吨；$TC_{k,g}$ 为对应的含碳量，单位为：万吨碳/TJ；$Ox_{k,g}$ 为碳氧化率，单位为:%。各化石能源品种消费量来源于《中国能源统计年鉴》，相关排放因子参照《省级温室气体清单编制指南（试行）》。

香港和澳门人均 GDP 来自世界银行数据库（以 2015 年为不变价），折算汇率来自《中国贸易外经统计年鉴》。两特别行政区污染物排放数据来自香港环境保护署和澳门环境保护局统计资料（考虑到数据完备度，两地仅统计了大气污染物排放量），其碳排放量参考 Friedlingstein 等[①]的研究。

第三节　主要结果与讨论

一　各重点区域发展现状

根据《京津冀协同发展规划纲要》、《粤港澳大湾区发展规划纲要》、《长江三角洲区域一体化发展规划纲要》、《长江经济带发展规划纲要》、《黄河流域生态保护和高质量发展规划纲要》和《海南自由贸易港建设总体方案》，各区域发展战略定位区别较大。京津冀瞄准全国创新驱动经济增长新引擎发力；粤港澳定位为充满活力的世界级城市群；长三角作为经济发展的排头兵，定位为全国发展强劲活跃增长极和

---

① Friedlingstein P., O'Sullivan M., Jones M. W., et al., "Global Carbon Budget 2022." *Earth System Science Data* 14, 2022, pp. 4811–4900.

高质量发展样板区；长江经济带横跨我国地理三大阶梯，地区间发展差异较大，其定位为具有全球影响力的内河经济带和东部、中部、西部互动合作的协调发展带；黄河流域以生态保护优先，是重要的清洁能源基地；海南自由贸易港的建设是引领我国新时代对外开放的鲜明旗帜。

对比各大区域能源活动碳排放和经济发展情况，如图 4-1 所示，2020 年，长江经济带 CO_2 排放量居六大区域首位，达到 33.82 亿吨；黄河流域多个省份承担能源保供任务，CO_2 排放量居第二位，达到 26.47 亿吨；长三角、京津冀和粤港澳 CO_2 排放量依次减少，海南 CO_2 排放量最小，约为长江经济带 CO_2 排放量的 1%。在经济发展水平方面，长三角地区高端制造业集中，人均 GDP 居首位，略高于粤港澳地区，京津冀受北京拉动效应明显，其人均 GDP 略高于长江经济带，黄河流域人均 GDP 相较长江经济带有近 27% 的差距，人均 GDP 最低的海南约为长三角地区的 52%。

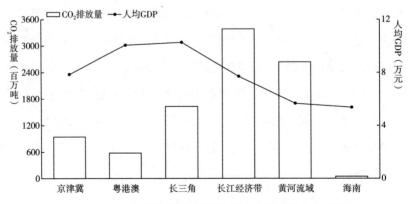

图 4-1　2020 年各区域化石能源 CO_2 排放量和人均 GDP
（以 2015 年为不变价）对比

二　区域减污降碳耦合协同度指数

各大区域减污降碳耦合协同度变化情况如图 4-2 所示，2012 年，除粤港澳达到初级协同水平外其他区域均处于初级协同水平以下，长三角、长江经济带和京津冀地区处于接近协同状态，黄河流域和海南则处于濒临失衡状态。2012～2015 年除粤港澳外，各区域协同水平均有提升，所有区域均进入或高于初级协同状态。2016 年，由于大气污染物削减率远高于其他年份，各区域协同进入较高水平，其中海南和粤港澳接近优质协同水平，但之后各区域协同度快速回落至中级协同水平及以下。之后随减排工作有力推进，到 2020 年，各区域均进入初级协同状态。

横向对比各区域，粤港澳作为我国打造世界级城市群的排头兵，其减污降碳协同度常年领先，但由于香港和澳门经济发展受外部环境影响较大，对区域碳排放强度带来较大冲击，特别是香港 2020 年 GDP 下挫较快，直接导致了粤港澳当年协同度的下滑。长三角作为我国经济最具活力的地区，经济和产业结构持续优化，减污降碳协同度保持在领先梯队，并逐步超越粤港澳。京津冀地区空间布局持续优化，在扭转生态环境质量的同时，减污降碳协同度逐年提升。海南体量小，产业结构较轻，减污降碳协同改善成效显著。黄河流域在经历早期粗放式发展后，污染物治理水平不断提升，尽管减污降碳协同度处于靠后位置，但改善情况显著。

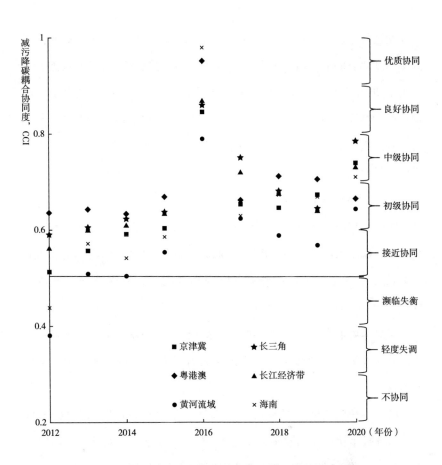

图 4-2　2012～2020 年各区域减污降碳耦合协同度变化

第四节　总结与建议

本书运用耦合协同度指数对京津冀、粤港澳、长三角、长江经济带、黄河流域和海南国家六大重大战略区域 2012～2020 年的减污降碳协同度进行了量化分析。评估结果表明，2012~2020 年，各区域减污降碳协同度均有明显改善，并在 2020 年均进入初级协同及以上状态，同时由于 2016 年大气污染物减排率远高于其他年份，各区域耦合协同度均出现冲高回落现象。区域的发展定位对其协同度影响较为明显，长三角和粤港澳经济较发达、产业结构较轻，协同度常处于领先地位。但各区域协同度仍有较大提升空间，离良好以及优质协同状态仍有较大差距。为此，提出以下建议。

第一，京津冀协同发展要把握爬坡过坎的关键期，在疏解北京非首都功能、建设天津智慧绿色港口、持续优化河北省产业结构调整和布局等重点工作中注重区域内能源、资源高效利用，系统推进区域协同减排。

第二，粤港澳大湾区建设要加快区域内基础设施联通，为产业链供应链持续升级优化创造条件，提升区域内污染物协同减排和精准治理能力。

第三，长三角地区要紧扣"一体化"和"高质量"，打破行政壁垒、提升政策协同发力水平，抓住新一轮人工智能、生物医药、航空航天等前沿产业升级转型机遇，切实引领全国经济发展。

第四，长江经济带围绕打造黄金水道目标，上、中、下游协同发力，进一步做好产业转移承接与协同升级，创新污染治理机制与模式，提升全流域协同减排水平。

第五，黄河流域要坚守生态屏障，统筹推进山水林田湖草沙综合治理，有机结合先进制造业与可再生能源产业，打造高水平清洁能源基地。

第六，海南自贸港建设要以壮大实体经济、加快基础设施建设为主线，为持续推进协同减排提供牢固载体。

第七，本书初步探索分析国家重大战略区域减污降碳协同推进情况，研究工作有待优化提升，下一步将综合考虑各区域社会经济发展多方面因素的影响、地理时空聚集特征、协同度变化的内生动力和驱动机制等内容，以期切实指导重大战略区域实现减污降碳协同发展。

第五章 城市减污降碳协同度评价
方法及应用[*]

《减污降碳协同增效实施方案》要求"开展重点城市、产业园区、重点企业减污降碳协同度评价研究",提出"减污降碳协同度有效提升"的目标。开展城市减污降碳协同度评价具有迫切的现实需求。本章在解析城市减污降碳协同度概念与内涵的基础上,研究构建了城市减污降碳协同度评价方法,并选择不同类型城市案例开展了应用研究。

第一节 城市减污降碳协同度的概念与内涵

目前,关于减污降碳协同增效已基本形成共识,减污与降碳之间可

---

* 本章节内容依托美国环保协会资助的项目"减污降碳协同增效综合评价方法研究及其应用",相关研究成果以《城市减污降碳协同度评价指标体系构建及应用研究》为题发表于《气候变化研究进展》2024 年第 2 期,DOI:10.12006/j. issn. 1673-1719. 2024.015,收入本书时有修改。

以产生很好的协同效应。① 不少学者对减污降碳协同增效的内涵进行了深入剖析。如郑逸璇等②就目标指标、管控区域、控制对象、措施任务、政策工具等五个方面的协同性系统讨论了减污降碳协同增效的基本内涵；姜华等③围绕目标、路径、效果、管理、部门五个方面的协同阐述了减污降碳协同增效的内涵；陈菡等④提出以温室气体和多污染物协同减排为导向，以管理和技术协同为保障及以区域协同治理为手段的应对思路；原伟鹏等⑤将减污降碳协同增效作为一项耦合系统治理工程，发现影响城市减污降碳的主要驱动力为降水量、城市创新创业水平、空气流通水平、实际利用外资、地形起伏度、人口密度、产业结构升级，并且存在一定的空间异质性影响。

　　本研究认为，城市减污降碳协同增效以建设人与自然和谐共生的美丽城市为总体目标，以加强制度创新与技术支撑为重要保障，以较低成本、更高效率实现降碳、减污、扩绿、增长的协同推进。城市减污降碳协同创新试点的核心任务是推动管理模式创新，体现了运用协同理论指导实践的能力，旨在推动城市形成各具特色的典型做法和有效模式。

---

① 姜华、高健、阳平坚：《推动减污降碳协同增效 建设人与自然和谐共生的美丽中国》，《环境保护》2021 年第 49 卷第 16 期，第 15~17 页。
② 郑逸璇、宋晓晖、周佳、许艳玲、林民松、牟雪洁、薛文博、陈潇君、蔡博峰、雷宇、严刚：《减污降碳协同增效的关键路径与政策研究》，《中国环境管理》2021 年第 13 卷第 5 期，第 45~51 页。
③ 姜华、高健、阳平坚：《推动减污降碳协同增效 建设人与自然和谐共生的美丽中国》，《环境保护》2021 年第 49 卷第 16 期，第 15~17 页。
④ 陈菡、陈文颖、何建坤：《实现碳排放达峰和空气质量达标的协同治理路径》，《中国人口·资源与环境》2020 年第 30 卷第 10 期，第 12~18 页。
⑤ 原伟鹏、孙慧、王晶、黎炯婵、马点圆：《中国城市减污降碳协同的时空演化及驱动力探析》，《经济地理》2022 年第 42 卷第 10 期，第 72~82 页。

城市减污降碳协同度是反映城市层面减污降碳协同增效水平的度量指标。城市减污降碳协同度评价是有别于现有相关试点示范工作的。产业园区是城市产业发展的重要载体，也是主要污染物和碳排放的重要来源地，其社会、服务、生态等功能相对较弱，城市减污降碳协同度评价较产业园区范围更广、覆盖面更全，并且重点考虑了"人"这一最活跃因素。相较于生态文明建设示范区、无废城市、低碳城市、美丽城市等试点示范，城市减污降碳协同度评价力度更大、涉及问题更深，不仅要将上述等方面工作有机融合，还须实现降碳、减污、扩绿、增长协同推进，以更高水平的生态环境保护推动高质量发展。

提升城市减污降碳协同度的关键在于从推动制度创新、强化技术支撑等方面入手，协同有效治理路径，推动减污和降碳领域工作创新模式、形成合力、提高成效。城市减污降碳协同度可进一步分解为目标协同度、路径协同度和管理协同度。其中，管理协同度主要衡量减污和降碳工作在一体谋划、一体部署、一体推进、一体考核方面的协同推进情况，是提升目标协同度的支撑保障；路径协同度重在体现能源、产业、运输结构调整和布局优化，资源循环利用，治理手段优化等工作成效，是提升目标协同度的内驱动力；目标协同度主要反映降碳、减污、扩绿、增长的协调发展水平，是管理协同度和路径协同度有效提升的结果表征，也对加强管理协同和路径协同提出了要求。三者之间的关系如图5-1所示。

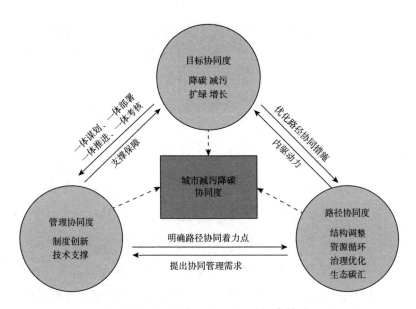

图 5-1　城市减污降碳协同度概念模型

第二节　城市减污降碳协同度评价工作基础

实现减污降碳协同增效是促进经济社会发展全面绿色转型的总抓手。习近平总书记在 2020 年中央经济工作会议上提出"实现减污降碳协同效应"要求，后在中央财经委员会第九次会议、中央政治局第二十九次和三十六次集体学习等重要场合做出明确部署，指出要把实现减污降碳协同增效作为促进经济社会发展全面绿色转型的总抓手。党的二十大报告进一步强调，要"协同推进降碳、减污、扩绿、增长，推进生态优先、节约集约、绿色低碳发展"。可见，推动减污降碳协同增效已经成为当前和今后相当长一段时期内的重点任务。

开展城市减污降碳协同度评价是推动减污降碳协同增效的有力手段。从我国推进生态文明建设示范区、无废城市、低碳城市等工作来看，细化指标体系、丰富考核手段、量化评价标准、强化结果运用是其重要手段。从实践层面来看，推动减污降碳协同增效过程中存在制度体系设计不完善、部门推进合力未形成、协同推进效果不明晰等问题。除与部门融合等需要时间周期外，更为重要的是缺乏一套相对权威、全面、可行的评价方法。现有相关评价指标体系侧重点不同，难以有效度量城市减污降碳协同增效水平。亟须开展城市减污降碳协同度评价，实现减污降碳协同增效水平可量化、可监督、易考核。

开展城市减污降碳协同度评价工作具有扎实的理论和实践基础。"污"和"碳"的产生环节主要包括化石燃料燃烧排放、工艺过程排放、末端治理排放。推动减污降碳协同增效，就是要增强减排政策措施的协同效应以及加和效应，降低拮抗效应。当前，推动城市减污降碳协同增效已经具备了较好的政策、法规、体制、行动等基础。截至 2023 年底，31 个省（区、市）和新疆生产建设兵团均已出台了减污降碳协同增效工作方案。[①] 多地将减污降碳协同增效要求纳入本地区国民经济和社会发展"十四五"规划当中，在统一政策规划、统一标准制定、统一监测评估、统一监督执法、统一督查问责等方面形成了丰富的实践经验。

目前，国家有关城市减污降碳协同度评价的工作还未全面展开，仅

---

① 　生态环境部：《31 省均已出台减污降碳协同增效工作方案》，《华夏时报》2024
年 1 月 30 日。

浙江省嘉兴、湖州等城市发布了减污降碳协同增效指数，实现对减污降碳协同效果和措施进展的定量化跟踪、评估和反馈。在现行相关考核评价工作中，《国家生态文明建设示范区建设指标》《低碳城市评价指标体系》《无废城市建设指标体系》等虽然提及了减污降碳方面的指标，但其工作侧重点不同，难以替代开展城市减污降碳协同度评价。相关研究方面，王涵等[①]构建了减污-降碳-经济综合评价指标体系，利用灰色关联度法对 30 个省（区、市）减污、降碳和经济指标进行综合评价，同时计算了耦合协调度，分析各项指标发展情况及各地区指标发展协调情况；汪明月等[②]综合经济、社会和环境 3 个要素，构建了区域减排能力评价指标体系，测算了京津冀区域减排系统在金融危机前后两个时间段内的整体协同度；陈艳和袁春来[③]构建了绿色低碳发展评价指标体系，设立了环境污染综合指数，评估了长江中游城市群绿色低碳协同发展；冯相昭等[④]建议围绕促进减污降碳协同增效的关键抓手和重要路径，构建能够体现空间异质性和动态性变化的减污降碳协同增效综合评价指标体系。其他针对城市层面的评价研究多围绕高质量发展[⑤]、可持

---

① 王涵、李慧、王涵、王淑兰、张文杰：《我国减污降碳与地区经济发展水平差异研究》，《环境工程技术学报》2022 年第 12 卷第 5 期，第 1584~1592 页。

② 汪明月、刘宇、李梦明、柳雅文、史文强：《区域碳减排能力协同度评价模型构建与应用》，《系统工程理论与实践》2020 年第 40 卷第 2 期，第 470~483 页。

③ 陈艳、袁春来：《长江中游城市群绿色低碳协同发展分析》，《环境保护》2019 年第 47 卷第 10 期，第 57~61 页。

④ 冯相昭、杨儒浦、李媛媛：《城市减污降碳协同增效进行时——唐山案例》，《世界环境》2022 年第 4 期，第 36~39 页。

⑤ 李春彦：《经济高质量发展水平测度：甘肃省 14 个市州的实证分析》，《甘肃科技》2022 年第 38 卷第 17 期，第 61~66 页。

续发展①、生态经济②、绿色城市③等方面展开。以上相关考核评价工作和研究基础对开展城市减污降碳协同度评价有重要参考意义，然而相关评价指标体系未完全体现城市减污降碳协同度的内涵，亦未突出协同增效的重点领域和关键环节，还需要进一步加强相关方面的研究。

第三节　城市减污降碳协同度评价方法研究

本研究在解析城市减污降碳协同度内涵的基础上，结合国家推动减污降碳协同增效的总体工作思路、地方实践创新做法以及现有评价工作基础，以坚持降碳、减污、扩绿、增长协同推进为总体考虑，研究构建了城市减污降碳协同度评价指标体系，同时选择不同类型城市案例开展了应用研究，以期为管理部门推进城市减污降碳协同度评价工作提供决策支撑。

一　总体思路

基于单一指数的评价方法难以实现对城市减污降碳协同增效工作的全面评估，更宜通过构建复合型综合评价指标开展城市减污降碳协同度评价。本研究围绕国家"深入推进环境污染防治""统筹推进碳达峰碳中

---

① 陈思含、邵超峰、高俊丽、赵润、杨岭：《基于可持续发展目标的资源型城市可持续发展评价技术及应用：以湖南省郴州市为例》，《生态学报》2022年第42卷第12期，第4807~4822页。

② 李萌、刘皓、史聆聆、孙启宏、陈忱：《基于熵值法的城市生态经济综合评价体系构建及江苏省评价研究》，《生态经济》2022年第38卷第8期，第68~71页。

③ 李冰：《北京通州区绿色城市研究》，《未来城市设计与运营》2022年第10期，第14~21页。

和""美丽中国建设"等重点任务部署，以降碳、减污、扩绿、增长协同推进为总体考虑，在掌握现有基本情况的前提下，结合减污降碳协同增效的内涵，研究构建城市减污降碳协同度评价指标体系。首先，梳理建立城市减污降碳协同度评价基础指标库；其次，以典型性、导向性、公平性、数据可得性等为原则，筛选确定城市减污降碳协同度评价指标及其目标值和权重，基于线性加权法计算城市减污降碳协同度；再次，选择不同类型城市案例开展应用研究，视情况优化调整评价指标及其目标参考值；最后，形成城市减污降碳协同度评价指标体系（见图5-2）。

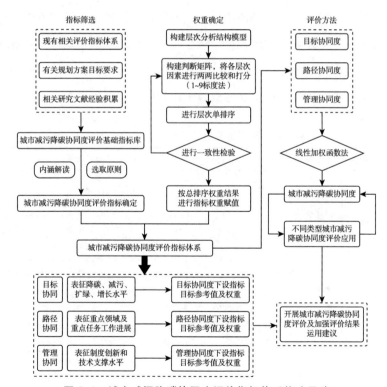

图5-2　城市减污降碳协同度评价指标体系构建思路

二 评价指标

城市减污降碳协同度评价指标体系包括一级指标 3 个、二级指标 12 个、三级指标 22 个（见表 5-1）。其中，正向指标表示指标值越大，评价结果越趋近于理想值；负向指标表示指标值越大，评价结果越偏离于理想值。一级指标充分衔接城市减污降碳协同度内涵，分别采用目标协同度、路径协同度和管理协同度来反映。其中，目标协同度主要反映降碳、减污、扩绿、增长的协调发展水平，围绕上述方面的效果设立二级指标；路径协同度主要反映减污降碳协同增效的重点任务进展，下设能源清洁、产业绿色、交通运输、城乡建设、农业农村、治理优化二级指标；管理协同度重点考虑制度创新和技术支撑两个方面，旨在推动城市层面形成减污降碳协同创新的管理模式。

表 5-1 城市减污降碳协同度评价指标体系

一级指标	二级指标	三级指标	指标含义
目标协同度	降碳效果	碳排放强度（t CO_2/万元）	单位 GDP 的 CO_2 排放量
		碳排放强度下降（%）	当前年份碳排放强度较 2020 年的降幅
	减污效果	空气质量优良天数比例（%）	环境空气质量指数达到或优于国家质量二级标准的天数/总天数×100%
		空气质量优良天数比例提高（%）	空气质量优良天数较上年的增幅

续表

一级指标	二级指标	三级指标	指标含义
目标协同度	扩绿效果	森林覆盖率（%）	行政区域内森林占土地总面积的百分比
		森林覆盖率提高（%）	森林覆盖率较上年的增幅
	增长效果	人均 GDP（万元）	GDP 总量（万元）/年末常住人口数
		人均 GDP 增长（%）	人均 GDP 较上年的增幅
路径协同度	能源清洁	非化石能源占能源消费比重（%）	非化石能源消费/能源消费总量×100%
	产业绿色	战略性新兴产业增加值占 GDP 比重（%）	战略性新兴产业增加值/地区生产总值×100%
		规模以上工业单位增加值能耗*（tce/万元）	规模以上工业能源消费/规模以上工业增加值
		一般工业固体废物综合利用率（%）	一般工业固体废物综合利用量/一般工业固体废物产生量（包括综合利用往年贮存量）×100%
	交通运输	新能源汽车新车销售量占比（%）	新能源汽车新车销售量/汽车新车销售总量×100%
		非公路货运周转量占比（%）	铁路、水路、封闭式皮带廊道等清洁运输方式承担的货运周转量/货运周转量总量×100%
	城乡建设	装配式建筑占当年城镇新建建筑的比例（%）	装配式建筑面积在当年城镇新建建筑面积中的比例
		生活垃圾回收利用率（%）	生活垃圾回收利用量/生活垃圾产生量×100%
		再生水利用率（%）	再生水利用量/污水排放量×100%

一级指标	二级指标	三级指标	指标含义
路径 协同度	农业农村	畜禽粪污综合利用率（%）	综合利用的畜禽粪便量/畜禽粪便产生总量×100%
	治理优化	城市生活污水集中收集率（%）	污水处理厂收集的生活污水污染物量占应收集生活污水污染物量的比值
管理 协同度	制度创新	减污降碳协同增效政策创新	有关减污降碳协同增效的政策创新举措数量
		减污降碳协同增效能力建设	有关减污降碳协同增效的能力建设提升举措数量
	技术支撑	绿色低碳先进技术示范应用	绿色低碳先进适用技术示范应用工程项目数量

注：＊表示为负向指标，其余为正向指标同。

　　三级指标选取时主要考虑以下方面：充分吸纳现有评价工作基础及有关方案目标要求，确保所选指标具有可操作性和可接受性，同时补充设定针对性更强的评价指标。目标协同度下设三级指标围绕降碳、减污、扩绿、增长的效果及改善幅度，选择了碳排放强度及其下降、空气质量优良天数比例及其比例提高、森林覆盖率及其提高、人均 GDP 及其增长等 8 个指标。路径协同度下设指标主要来自城市现有相关评价指标体系及有关工作方案提及的目标要求，如采用非化石能源占能源消费比重反映能源清洁水平；采用战略性新兴产业增加值占 GDP 比重、规模以上工业单位增加值能耗、一般工业固体废物综合利用率来反映产业绿色水平，体现产业结构优化和工业节能减排成效；采用新能源汽车新车销售量占比、非公路货运周转量占比来反映交通运输的绿色低碳发展，涉及客运和货运结构调整；采用装配式建筑占当年城镇新建建筑的比例、生活垃圾回收利用率、再生水利用率来反映城乡建设领域的绿色低碳发展水平；采用畜禽粪污综合利用率反映农业农村领域减污降碳协同增效的重点工作进展；采用城市生活污水集中收集率反映治理优化成效。管理协同度下设的三级指标体现了有关减污降碳协同增效的政策创新、能力建设提升举措以及绿色低碳先进适用技术示范应用工程项目等方面工作的开展情况。城市减污降碳协同度评价指标体系构建情况如图5-3所示。

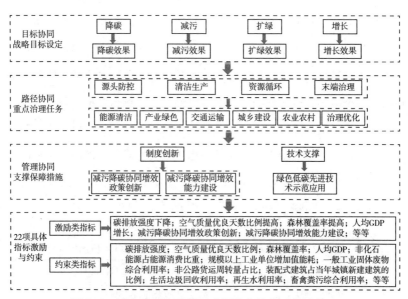

图5-3　城市减污降碳协同度评价指标体系构建情况

三　计算方法

（1）指标评价值确定

采用阈值化方法对各项指标进行无量纲处理，即将指标实际值与指标阈值（目标值）相比较，得到各项指标的评价值。公式如下所示。

$$y_i = \frac{x_i}{x_0} \qquad (5-1)$$

式中，y_i 为转化后的评价值；x_i 为实际值；x_0 为该指标阈值（目标值）。针对负向指标，其评价值为指标目标值与指标实际值之比。

由公式（5-1）可以看出，如果阈值设定太大，评价值对指标变化的反应就会迟钝；如果阈值设定太小，评价值又会过于灵敏地反映指标的变化。因此，阈值的确定对减污降碳协同增效评价至关重要。本研究采用情景法确定各项指标的阈值，具体确定规则如表 5-2 所示。其中，对于因地域特征而导致指标值差异性大的指标，分不同区域设定指标目标值；根据减污降碳工作需求补充的定性指标，结合各地实际工作情况分级设定目标值。经过阈值化处理得到指标评价值，使得所有指标都能够进行比较，评价值越高则意味着距离阈值实现越近。例如，某地区在一个指标上的评价值得分为 0.50，意味着该地区该项指标的实施效果已达到当前设定目标的 50%。

表 5-2　城市减污降碳协同度评价指标目标参考值确定

情景	涉及指标	目标值
采用国家提出目标	碳排放强度下降	比 2020 年下降 18%[①]
	规模以上工业单位增加值能耗	按较 2020 年下降 13.5%[①] 计算
	碳排放强度	按较 2020 年下降 18%[①] 计算
	非公路货运周转量占比	重点区域 80%；非重点区域 70%[②]
	装配式建筑占当年城镇新建建筑的比例	30%[③]

续表

情景	涉及指标	目标值
采用国家提出目标	再生水利用率	地级及以上缺水城市 25%；京津冀地区城市 35%；黄河中下游地级及以上城市 30%；其他城市 10%④
	城市生活污水集中收集率	70%⑤
	生活垃圾回收利用率	35%⑥
	畜禽粪污综合利用率	95%⑦
采用城市或上级有关规划目标	森林覆盖率	24.1%⑧（优先采用地方提出目标）
	战略性新兴产业增加值占 GDP 比重	17%⑨（优先采用地方提出目标）
	非化石能源占能源消费比重	25%①（优先采用地方提出目标）
采用城市先进水平	空气质量优良天数比例	90%（重庆市 2022 年水平）
	人均 GDP	15.00 万元（广州市 2022 年水平）
	一般工业固体废物综合利用率	90%（深圳市 2022 年水平）
	新能源汽车新车销售量占比	28.8%（北京市 2022 年水平）
采用城市间平均水平	空气质量优良天数比例提高	横向比较采用城市间均值水平；纵向比较采用近年最高增幅
	森林覆盖率提高	横向比较采用城市间均值水平；纵向比较采用近年最高增幅
	人均 GDP 增长	横向比较采用城市间均值水平；纵向比较采用近年最高增幅
分级赋值	减污降碳协同增效政策创新	依据城市有关举措及数量赋值，0~2 项、3~5 项、6~8 项、9~10 项、>10 项分别赋值 1 分、2 分、3 分、4 分、5 分
	减污降碳协同增效能力建设	
	绿色低碳先进技术示范应用	

注：①《2030 年前碳达峰行动方案》；②《柴油货车污染治理攻坚行动方案》；③《"十四五"建筑业发展规划》；④《关于推进污水资源化利用的指导意见》和《2022 年城市体检指标体系》；⑤《"十四五"城镇污水处理及资源化利用发展规划》；⑥《关于进一步推进生活垃圾分类工作的若干意见》；⑦《农业农村污染治理攻坚战行动方案（2021—2025 年）》；⑧《"十四五"林业草原保护发展规划纲要》；⑨《中华人民共和国国民经济和社会发展第十四个五年规划和 2035 年远景目标纲要》。

（2）指标权重值确定

选择主观赋值法中的层次分析（AHP）法来确定各项指标权重。层次分析法是美国运筹学家 Satty 等①提出的一种定量和定性分析相结合的多准则决策方法，广泛应用于分析复杂的社会、经济以及科学管理领域的问题。其基本原理是通过构造层次分析结构，排列组合得出优劣次序来为决策者提供依据。具体步骤如下（见图5-4、表5-3）：①构建包括准则层、要素层和指标层3个层次的层次分析结构模型，反映系统各因素之间的关系；②构造判断矩阵，将各层因素进行两两比较，对于各因素之间重要性的比较可以采用专家咨询法，判别主要依据惯用的1~9标度法；③对构造的判断矩阵进行层次单排序，确定下层的各因素对上层某个因素的影响程度；④由于专家确定重要性具有一定的主观性，要对构建的判断矩阵进行一致性检验，若未通过则重新确定各因素之间的重要性，直至通过；⑤按照总排序权重表示结果进行权重赋值。主观赋值权重关键在专家评分，为使主观评价更具合理性，本研究增加了专家数量并进行多轮咨询，同时注重遴选专家的经验背景等方面。

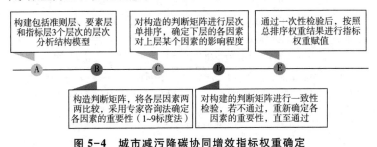

图 5-4　城市减污降碳协同增效指标权重确定

① Satty T. L., "The Analytic Hierachy Process – What It Is And How It Is Used." Mathematical Modelling, 9 (3-5), 1987, pp.161-176.

表 5-3　城市减污降碳协同度评价指标权重确定

一级指标	二级指标	三级指标	权重
目标协同度	降碳效果	碳排放强度（t CO_2/万元）	0.03
		碳排放强度下降（%）	0.03
	减污效果	空气质量优良天数比例（%）	0.03
		空气质量优良天数比例提高（%）	0.03
	扩绿效果	森林覆盖率（%）	0.03
		森林覆盖率提高（%）	0.03
	增长效果	人均 GDP（万元）	0.03
		人均 GDP 增长（%）	0.03
路径协同度	能源清洁	非化石能源占能源消费比重（%）	0.07
	产业绿色	战略性新兴产业增加值占 GDP 比重（%）	0.05
		规模以上工业单位增加值能耗*（tce/万元）	0.05
		一般工业固体废物综合利用率（%）	0.04
	交通运输	新能源汽车新车销售量占比（%）	0.05
		非公路货运周转量占比（%）	0.05
	城乡建设	装配式建筑占当年城镇新建建筑的比例（%）	0.05
		生活垃圾回收利用率（%）	0.04
		再生水利用率（%）	0.04
	农业农村	畜禽粪污综合利用率（%）	0.04
	治理优化	城市生活污水集中收集率（%）	0.04
管理协同度	制度创新	减污降碳协同增效政策创新	0.08
		减污降碳协同增效能力建设	0.08
	技术支撑	绿色低碳先进技术示范应用	0.08

注：＊表示为负向指标，其余为正向指标。

从指标权重值分布来看（见图5-5），目标协同度、路径协同度和管理协同度一级指标对应的权重值分别为0.24、0.52、0.24。目标协同度一级指标下，降碳效果、减污效果、扩绿效果、增长效果二级指标的权重占比相同，体现了对降碳、减污、扩绿、增长协调发展情况的重视。路径协同度一级指标下，能源清洁、产业绿色、交通运输、城乡建设、农业农村、治理优化二级指标的权重占比分别为 13%、27%、19%、25%、8%、8%，突出关注了减污降碳协同增效的重点领域和重点任务的进展情况，其下三级指标的权重值以非化石能源占能源消费比重最高，战略性新兴产业增加值占 GDP 比重、规模以上工业单位增加值能耗、新能源汽车新车销售量占比、非公路货运周转量占比、装配式建筑占当年城镇新建建筑的比例次之，体现了实际工作中对减污降碳协同增效工作的关注度。管理协同度一级指标下，制度创新、技术支撑二级指标的权重占比分别为 67% 和 33%，其下三级指标的数量及权重充分体现了现阶段国家推动城市层面减污降碳协同创新试点工作的重心，特别是要推动形成城市层面的减污降碳协同增效创新管理模式。

（3）综合评价方法

采用城市减污降碳协同度（Degree of Urban Synergizing the Reduction of Pollution and Carbon Emissions，DUSR）衡量城市减污降碳协同增效水平，由目标协同度（T）、路径协同度（P）和管理协同度（M）构成。采用线性加权函数法，先计算城市减污降碳协同度各分项得分，再加总求和得到城市减污降碳协同度。计算方法如下。

$$T = \sum_{i=1}^{8} \alpha_i T_i \times 100 \qquad (5-2)$$

$$P = \sum_{i=1}^{11} \beta_i P_i \times 100 \qquad (5-3)$$

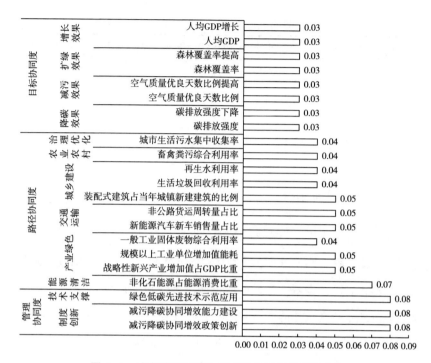

图 5-5　城市减污降碳协同度评价指标权重值分布

$$M = \sum_{i=1}^{3} \gamma_i M_i \times 100 \tag{5-4}$$

$$DUSR = T + P + M \tag{5-5}$$

式（5-2）至（5-5）中，T_i、P_i 和 M_i 分别为目标协同度、路径协同度和管理协同度下各指标进行标准化处理后的值；α_i、β_i 和 γ_i 分别对应指标的权重。所有指标得分不超过其权重，即 T、P 和 M 满分分别为 24、52 和 24，DUSR 满分为 100。依据大小将城市减污降碳协同度划分为 5 个等级（见表 5-4），开展减污降碳协同增效水平分级评价。

表 5-4　城市减污降碳协同增效水平分级标准

分数	DUSR<50	50≤DUSR<60	60≤DUSR<70	70≤DUSR<80	DUSR≥80
分级	弱	较弱	中	较强	强

第四节　城市减污降碳协同度评价实证研究

一　案例城市选择

本研究综合考虑城市类型及数据可得性，选择北京市、重庆市、西宁市、唐山市作为案例城市，分别代表服务型城市、综合型城市、生态优先型城市、工业型城市，开展城市减污降碳协同度评价方法应用研究，以反映本研究构建的城市减污降碳协同度评价指标体系的适用性，同时依据试评价应用结果进一步完善协同度评价方法。

案例城市数据资料主要来源于中国统计年鉴、中国能源统计年鉴、中国城市建设统计年鉴，各地统计年鉴、水资源公报、固体废物污染环境防治信息公示，以及权威机构和网站上提及的有关数据资料。考虑到各地减污降碳协同增效工作特别是实施方案制订、协同管理创新等方面工作主要为近两年开展，再加上部分指标数据更新不一致等问题，本研究主要反映 2022 年 4 个案例城市的减污降碳协同增效水平，暂未进行时间趋势变化分析。需要说明的是多数指标采用 2022 年数据，个别指标采用 2021 年数据。

二 评价结果分析

（1）减污降碳协同度评价分析

2022 年，北京市、重庆市、唐山市、西宁市的减污降碳协同度分别为 81 分、73 分、72 分、64 分（见图 5-6）。根据本文提出的城市减污降碳协同增效水平分级标准，北京市减污降碳协同增效水平属于强级别，重庆市和唐山市属于较强级别，西宁市属于中等级别。其中，北京市作为服务型城市案例，减污降碳协同度得分相对较高，主要得益于路径协同度得分较高；综合型城市案例重庆市次之，其管理协同度在 4 个城市中表现最突出；工业型城市案例唐山市减污降碳协同度与重庆市接近，其目标协同度得分在 4 个城市中最高，但管理协同度表现落后于重庆市，反映出工业型城市减污降碳协同度也有望达到领先水平；西宁市作为生态优先型城市案例，目标、路径、管理协同度表现均低于其他案例城市，减污降碳协同度相对较低，意味着生态优先型城市的减污降碳协同增效水平并不一定会处于较高水平。综上，本文提出的减污降碳协同度评价指标体系能够在很大程度上降低因城市所属类型不同而造成的系统性偏差。

（2）目标协同度评价分析

从目标协同度来看，北京市、重庆市、唐山市和西宁市分别为 18 分、18 分、20 分和 16 分，分别占目标协同度满分（24 分）的 75%、75%、83% 和 67%。如图 5-7 所示，唐山市减污降碳目标协同度相对较高，得益于唐山市碳排放强度、空气质量优良天数比例、森林覆盖率、人均 GDP 的改善幅度在 4 个案例城市中处于较高水平。唐山市作为大

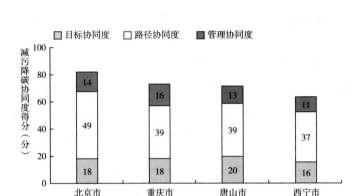

图 5-6 案例城市减污降碳协同度得分

气污染防治重点城市，围绕钢铁、焦化、水泥等重点行业采取了一系列有力的减排政策与措施，在推进污染物和 CO_2 协同减排的同时，促进了能源、产业和交通运输结构优化调整，经济发展的绿色化、低碳化水平明显提升，充分反映了唐山市推动减污降碳协同增效的努力程度。

重庆市和北京市 4 项目标协同度评价指标的现状值得分均处于相对较高水平，但改善幅度存在差异。北京市碳排放强度下降和人均 GDP 增长这两项指标得分较高，重庆市空气质量优良天数比例提高和森林覆盖率提高这两项指标得分较高。这一差异反映出不同城市的社会经济发展程度不同，面临的主要问题、重点任务及取得的成效有所不同，同时也意味着要进一步推动减污降碳协同增效，实现环境、经济、社会等方面多重效益。

西宁市目标协同度相对较低，主要与碳排放强度较高且 2022 年碳排放强度不降反升，以及空气质量优良天数比例提高幅度较小、人均

GDP 相对较低有关。分析其背后原因发现，2022 年西宁市工业增速领跑全国，第二产业比重较 2021 年提升了 4.1 个百分点，能源消费总量控制以及污染物和碳减排压力随之明显提升；同时，受国家政策、区位条件等多种因素影响，西宁市处在以生态为主导的发展阶段，经济发展程度相对落后于其他案例城市，污染物和碳排放量基数不高。

总体上看，减污降碳目标协同度评价上综合考虑了各项指标的现状水平及其改善幅度，注重结果评价与增值评价相结合，即在关注城市推动减污降碳协同增效效果的同时，还关注其发展水平和工作水平的进步程度，能够更好反映不同类型城市减污降碳目标协同度评价的公平性。

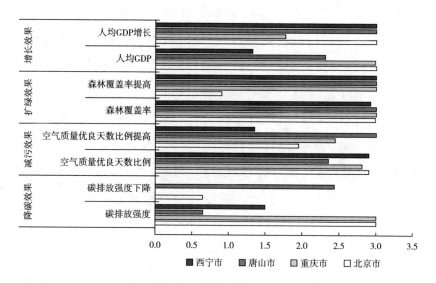

图 5-7 案例城市减污降碳目标协同度得分

（3）路径协同度评价分析

从路径协同度来看，北京市、重庆市、唐山市和西宁市分别为 49 分、39 分、39 分、37 分，分别占路径协同度满分（52 分）的 94%、75%、75% 和 71%。如图 5-8 所示，北京市除非化石能源占能源消费比重表现相对较差外，其余指标均处于相对较高水平，意味着北京市在推动产业和交通运输结构调整方面的步伐较快，并且工业能效提升、资源综合利用等方面工作成效较为突出，这也是北京市减污降碳协同度相对处于较高水平的重要支撑，但在推动可再生等新能源开发利用方面还需要进一步寻求突破，进一步提升可再生能源消费占比。

重庆市再生水利用率、畜禽粪污综合利用率等指标表现相对较差，需重点推进资源节约循环利用方面的工作。特别是再生水利用率，2022 年重庆市仅为 1.28%，污水集中处理设施的收集、处理能力尚不能满足经济社会发展需要，亟须加快推进城镇生活污水、工业废水、农业农村污水资源化利用，提高非常规水源的配置利用水平。

唐山市非化石能源占能源消费比重、战略性新兴产业增加值占 GDP 比重、新能源汽车新车销售量占比、非公路货运周转量占比等指标表现不如北京市和重庆市，意味着唐山市作为老工业城市和资源型城市，虽然在能源、产业、交通运输结构优化调整方面取得了明显成效，但是距离社会经济发展程度较高的城市仍存在较大差距，还需要持续推进生产方式和生活方式绿色低碳转型。

西宁市非化石能源占能源消费比重、一般工业固体废物综合利用率、非公路货运周转量占比等指标表现相对较好，但其他指标总体上相对落后，反映出西宁市作为生态优先型城市，在发展过程中更加强调生态优先，较发达城市经济总量偏低、人均收入水平不高、积累能力和建设能力不足。如何发挥好资源能源禀赋优势赋能区域绿色低碳高质量发展，是西宁市在推动减污降碳协同增效过程中需要关注和解决的重要问题。

由上可见，路径协同度评价结果能够表征不同类型城市推动减污降碳协同增效的重点工作及存在的薄弱环节。

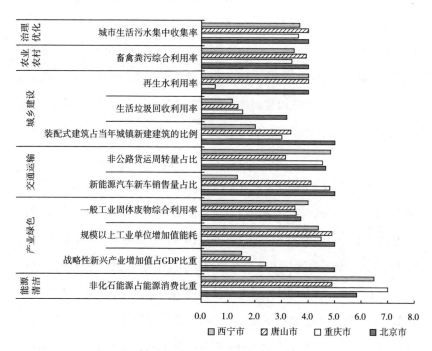

图 5-8　案例城市减污降碳路径协同度得分

（4）管理协同度评价分析

从管理协同度来看，北京市、重庆市、唐山市、西宁市分别为 14

分、16 分、13 分、11 分（见图 5-6），分别占管理协同度满分（24 分）的 58%、67%、54%、46%。其中，重庆市减污降碳管理协同度得分较高（见图 5-9），得益于其在政策创新、能力建设、技术支撑方面推动了一系列任务措施。如在政策创新方面，推进气候投融资试点、推动排污许可与碳排放协同管理、将碳排放影响评价纳入环境影响评价、将碳排放信息纳入环境统计以及将碳排放、碳履约涉企管理等纳入市级生态环境保护督察和污染防治攻坚战目标责任体系等；在能力建设方面，编制污染物和温室气体排放融合清单、搭建"碳污智治"管理系统、建成投用气候投融资项目库、构建"碳惠通"生态产品价值实现平台等；在技术支撑方面，引导重点行业领军企业加大在绿色低碳技术创新应用上的投入，在生产工艺深度脱碳、电气化改造、二氧化碳回收循环利用等领域打造低碳技术改造示范，推动创建"绿色低碳先进技术示范工程"等。

北京市减污降碳管理协同度得分仅次于重庆市。北京市发布了减污降碳协同增效实施方案，并在政策创新方面开展了较多工作。如推动在本市建设项目环境影响评价中试行开展碳排放核算评价工作，以及构建"绿色信用"评价体系、开展减污降碳协同度评价研究等方面工作。

唐山市和西宁市减污降碳管理协同度得分相对较低，主要是与缺乏顶层设计、政策创新体现不足、能力水平有待提升等有关，还需积极借鉴先进地区经验，加强整体统筹、完善管理机制，突出政策创新与技术支撑，提高协同管理能力，注重在实践中积累经验、在创新中推动工作。

综上，上述 4 个案例城市管理协同度得分不均衡并且还有较大提升空间，意味着在减污降碳协同增效政策创新、能力建设、技术支撑方面的保障措施力度不够，背后也反映出各地对减污降碳协同增效的认知水平及重视程度有待进一步提高，特别是要打破部门之间减污降碳协同管理方面的壁垒。

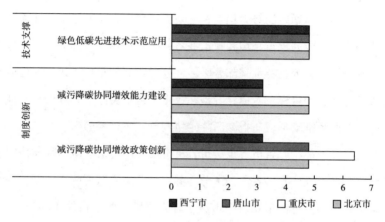

图 5-9 案例城市减污降碳管理协同度得分

第五节 结论

本研究立足于开展城市减污降碳协同度评价研究的现实需求，在解读城市减污降碳协同度内涵的基础上，研究构建了城市减污降碳协同度评价指标体系。同时，选择北京市、重庆市、唐山市和西宁市分别代表服务型、综合型、工业型和生态优先型城市，开展了城市减污降碳协同度评价指标体系应用研究，并讨论了该评价指标体系在不同类型城市减污降碳协同度评价中的适用性问题。主要结论如下。

第一，将城市减污降碳协同度进一步分解为目标协同度、路径协同度和管理协同度，同时构建了城市减污降碳协同度评价指标体系，主要具有以下特征：一是在评价指标选择上充分考虑了指标的代表性、数据收集的难易程度；二是坚持结果评价和过程评价相结合，体现了城市推动减污降碳协同增效的努力程度；三是突出重点、兼顾全面，涵盖了减污降碳协同增效的重点领域和重点任务；四是在指标目标值设置上体现了区域差异性特征，特别是部分区域性差异明显的指标，优先考虑城市自身设定目标为目标参考值；五是在权重设置上突出了制度创新与技术支撑，有助于推动形成一批减污降碳协同创新管理经验做法。

第二，当前，北京市、重庆市、唐山市、西宁市的减污降碳协同度分别为81分、73分、72分、64分。其中，北京市减污降碳协同增效水平属于强级别，重庆市和唐山市属于较强级别，西宁市属于中等级别。从目标协同度看，唐山市最高，得益于碳排放强度、空气质量优良天数比例、森林覆盖率、人均GDP的改善幅度处于较高水平，西宁市相对较低。从路径协同度看，北京市最高，除非化石能源占能源消费比重表现相对较差外，其余指标大都处于相对较高水平，说明北京市在推动产业和交通运输结构调整方面步伐较快，且在工业能效提升、资源综合利用等方面成效突出。从管理协同度看，重庆市最高，得益于重庆市推动减污降碳协同创新管理的经验做法相对较多。从案例城市推动减污降碳协同增效的短板弱项来看，北京市需在提升可再生能源消费占比方面进一步寻求突破，重庆市要重点提升资源节约循环利用水平，唐山市需持续推进生产方式和生活方式绿色低碳转型，西宁市亟待强化顶层设计和整体统筹；4个案例城市均需进一步加强减污降碳协同管理支撑。

第三，从本研究构建的城市减污降碳协同度评价指标体系应用效果看，不同类型城市案例在目标协同、路径协同、管理协同上各有优势，但也都存在短板弱项。另外，不同类型城市的系统性偏差体现不明显，如工业型城市唐山市的减污降碳协同度有望处于较高水平，而生态优先型城市西宁市的减污降碳协同度在4个案例城市中处于较低水平。总体看，本研究构建的城市减污降碳协同度评价指标体系具有普适性和可操作性，评价结果具有现实意义，能够发挥出评价的导向功能。

研究过程中仍存在一些问题有待进一步探讨。一是在评价指标选择以及目标值设定上关注到了区域的差异性特征，但关于目标值的确定规则是否还有更妥善的处理方法还需进一步研究；二是在目标协同度评价指标选择上，同时考虑了城市相应指标的现状水平及改善程度，这种处理方式能否全面公平有效地反映减污降碳目标协同效果还需深入探讨；三是一套评价指标体系很难完全做到公正、公平、有效，城市间因资源禀赋、发展阶段等不同导致减污降碳协同增效的工作重心有所差异，在应用该评价指标体系时也要结合实际。

第六章 工业园区减污降碳协同增效
评价方法及实证分析[*]

    工业园区产业企业集中，是开展工业生产活动最主要的区域，是我国贯彻落实制造强国战略的重要载体。我国工业园区始建于 1979 年，从最初的工业聚集区，发展到后来的经济技术开发区、高新区、保税区、物流园区等，现已形成各类工业园区共计 15000 多个，工业园区二氧化碳排放量约占全国总排放量的 31%。[①] 自碳达峰碳中和（以下简称"双碳"）目标提出以来，《2030 年前碳达峰行动方案》《"十四五"节能减排综合工作方案》《"十四五"循环经济发展规划》等政府规范性文件均强调了工业园区在节能增效、循环发展、能源结构转型等方面提高工作水平的重要性。《减污降碳协同增效实施方案》对减污降碳协同增效工作进行了顶层设计和系统部署。工业园区作为《减污降碳协同

---

    [*] 本章内容以《工业园区减污降碳协同增效评价方法及实证研究》为题发表于《环境科学研究》2023 年第 36 卷第 2 期，收入本书时有修改。
    [①] 郭扬、吕一铮、严坤、田金平、陈吕军：《中国工业园区低碳发展路径研究》，《中国环境管理》2021 年第 13 卷第 1 期，第 49~58 页。

增效实施方案》重点关注对象之一,需从源头上发力,优化空间布局,将资源向低碳高效产业倾斜,积极推动能源消费结构低碳化转型;同时,要持续提升过程管控水平,以打造产业共生体系为导向,最大程度实现资源循环利用和能源梯级利用;在末端治理方面,要提高精准度,系统设计多环境要素协同治理技术方案,降低治污过程的能源、资源消耗量。《减污降碳协同增效实施方案》同时提出要在工业园区开展减污降碳协同相关评价工作。实现减污降碳协同增效,是工业园区推动落实"双碳"目标的内在要求,急需相应评价考核办法进行引导。

本章内容旨在探索建立工业园区减污降碳协同增效评价指标体系,并将评价结果转化为无量纲指数,以期对工业园区减污降碳协同增效整体水平进行评估,识别出工业园区实现绿色高质量发展的着力点。

第一节　工业园区减污降碳协同增效
评价指标体系的构建

评价指标体系通常由目标层、准则层和指标层构成,该研究的目标层为工业园区减污降碳协同增效评价指数,准则层若干指标分别对应评价对象的重要工作方面,每个准则层指标又细分为若干与统计相关的指标,以更加全面地反映特定准则层的工作成效。

一　工业园区减污降碳协同增效的内涵

本研究综合《减污降碳协同增效实施方案》以及近年来印发的有关规范性文件的相关要求,系统梳理出工业园区实现减污降碳协同增效

的工作重点，提出工业园区减污降碳协同增效内涵框架（见图 6-1），
由产业发展、能源结构、循环经济、污染治理和运营管理 5 方面组成。
产业发展和能源结构的调整相互促进，共同提升源头把控水平。循环经
济是实现过程优化的核心，既能通过提高能源效率实现节能降碳，又能
降低污染物排放而减少污染治理负担。提高运营管理水平，打通物质

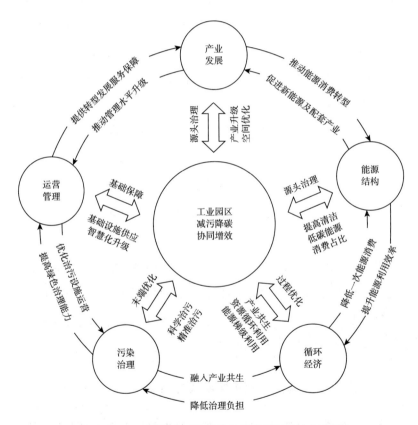

图 6-1 工业园区减污降碳协同增效发展的内涵逻辑

流-信息流-能量流,是持续提升循环经济发展水平、提升能源利用效率和科学治污的关键,也是促进产业发展的关键基础工作。

二 指标体系的构建原则

该研究指标体系主要基于以下原则构建:①强调指标体系的实用性,即相应指标尽可能来源于已有统计和考核评价体系;②强化源头控制的重要性,即细化产业发展和能源消费结构指标考量,强化其评价权重占比;③突出协同治理的必要性,即统筹水、气、土、固废、温室气体等多环境要素或介质治理要求。

三 指标体系的构成

以图 6-1 工业园区减污降碳协同增效发展的内涵逻辑为准则要求,综合现有相关考核评价工作,形成指标体系(见图 6-2),包含发展效率、能源清洁低碳化水平、资源循环利用水平、绿色化进程、工业园区建设管理水平 5 类共 30 项指标。工业园区推动减污降碳协同增效的最终目标在于实现高质量发展,故发展效率以各类资源产出率指标为主,用于反映工业园区发展质效的提升,体现"增效"成果。对于"协同"的体现,考虑到其既涉及源头-过程-末端治理全过程协同,又涉及具体减排措施的协同,故以发展效率和能源清洁低碳化体现源头管控、资源循环利用展现过程优化水平、绿色化进程反映末端治理水平,特别是末端治理结合后续评价方法更加突出科学、精准治污,避免引导过度和不合理治理。各指标参考值大部分来自相关工业园区绿色发展类创建工作评价体系的参考值或创建值,能源产出率参考长江经济带国家级经开

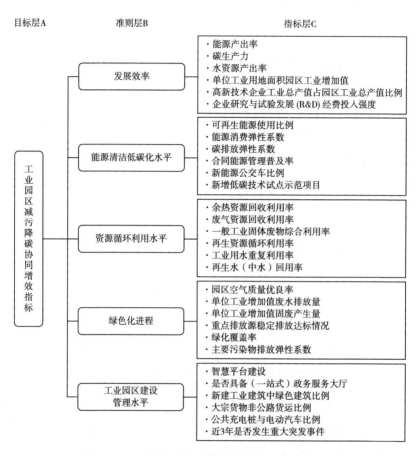

图 6-2 工业园区减污降碳协同增效评价指标体系

区的测算结果①，碳生产力选用东部省份数家涉及化工、制药、装备制

---

① 郝吉明、田金平、卢琬莹、盛永财、赵佳玲、赵亮、郭扬、胡琬秋、高洋、陈亚林、陈吕军：《长江经济带工业园区绿色发展战略研究》，《中国工程科学》2022年第 24 卷第 1 期，第 155~165 页。

造业、电子信息产业的国家级经开区近 3 年的平均值。指标体系中有 2
个非直接计量可得的指标数据。一个是碳生产力，其中碳排放是指能源
消费、工业生产过程以及废弃物处理产生的二氧化碳排放量；另一个是
主要污染物排放弹性系数，参考《国家生态工业示范园区标准》中的
计算方法，取颗粒物、SO_2、NO_x、氨氮和 COD 过去一年排放弹性系数
的平均值。对于缺乏统计数据的定量类指标，如合同能源管理普及率、
智慧平台建设、公共充电桩与电动汽车比例等通过调研相关管理部门和
重点企业获取。

四　指标权重的设置

基于层次分析法的指标赋权方法常用于工业园区指标体系评价工
作，本研究同样选用层次分析法对各指标赋权，计算过程参照伍肆等[1]
的研究。共邀请 30 名与工业园区管理、绿色低碳发展研究相关的学者
和管理人员对准则层指标以及各项二级指标的重要程度在 0~100 打分，
重要性越高分值越大。中级、高级和正高级职称专家比例为 1∶1∶8，
并假设各位专家对工业园区减污降碳协同增效工作认知程度相当。以专
家对各项指标重要性打分为基础计算各指标之间的相对重要程度，并结
合常用标度法对指标的重要程度进行赋值，构造对应判断矩阵。再计算
各判断矩阵最大特征值（λ_{max}）及其相应特征向量（W）。根据式
(6-1)(6-2) 检验判断矩阵的一致性。

---

① 伍肆、周宁、王松林：《基于模糊评价集的工业园区低碳评价体系构建》，《中国
人口·资源与环境》2013 年第 23 卷第 S2 期，第 276~279 页。

$$CI = \frac{\lambda_{\max} - n}{n - 1} \tag{6-1}$$

$$CR = \frac{CI}{RI} \tag{6-2}$$

　　式中：n 为判断矩阵的秩；CI 为一致性检验指标；RI 为平均随机一致性指标，随 n 变化，参考伍肆等①的研究进行取值；CR 为一致性指标，CR 越小，判断矩阵的完全一致性越好。当 $CR \le 0.1$ 时，判断矩阵基本符合完全一致性条件。若有判断矩阵未通过一致性检验，则需调整指标体系，重复上述步骤直至所有判断矩阵都通过一致性检验。最后，结合准则层各指标权重与其对应的二级指标权重分配情况，得到各项二级指标的综合权重。

　　各指标权重以及相关解释信息如表 6-1 所示。30 个二级指标中有 23 个指标来源于现有生态工业园区、绿色园区、国家级经开区和高新区的考核指标。从单项指标权重来看，能源产出率最为重要，权重达 11.5%，远超平均水平。碳生产力和单位工业用地面积园区工业增加值权重分别达到 8.3% 和 6.0%，水资源产出率权重达 5.3%，均远超平均水平，充分反映出能源、资源利用水平作为综合性指标在推进减污降碳协同增效工作中的重要地位。在能源转型大背景下，可再生能源使用比例权重排第二位，为 7.0%。在资源循环利用水平方面，余热资源回收利用率是该类指标中权重最高的指标。在绿色化进程中，重点排放源稳

　　①　伍肆、周宁、王松林：《基于模糊评价集的工业园区低碳评价体系构建》，《中国人口·资源与环境》2013 年第 23 卷第 S2 期，第 276~279 页。

定排放达标情况和单位工业增加值废水排放量被认为是最重要的指标。在工业园区建设管理水平方面，新建工业建筑中绿色建筑比例的指标权重最高。当评价不同类型主导产业或不同地域的工业园区时，相关指标参考值随之调整，如能源产出率、碳生产力、水资源产出率和再生水（中水）回用率等指标。

表 6-1　工业园区减污降碳协同增效指标体系各指标权重及来源

分类	指标	单位	相关性	参考值	权重	指标来源
发展效率（B1）	能源产出率（C1）	10^4 元/t（以标准煤计）	正向	$3^{1)}$ $5^{2)}$	0.115	a'、c'、d'
	碳生产力（C2）	10^4 元/t（以 CO_2 排放量计）	正向	$0.56^{1)}$ $1^{2)}$	0.083	d'
	水资源产出率（C3）	元/t（以新鲜水计）	正向	$1500^{1)}$ $2000^{2)}$	0.053	b
	单位工业用地面积园区工业增加值（C4）	10^8 元/km^2	正向	9	0.060	a
	高新技术企业工业总产值占园区工业总产值比例（C5）	%	正向	30	0.049	a, b, c
	企业研究与试验发展（R&D）经费投入强度（C6）	%	正向	5	0.033	d

续表

分类	指标	单位	相关性	参考值	权重	指标来源
能源清洁低碳化水平（B2）	可再生能源使用比例（C7）	%	正向	15[3]	0.070	a, b
	能源消费弹性系数（C8）	—	负向	0.6	0.043	a
	碳排放弹性系数（C9）	—	负向	0.6	0.039	—
	合同能源管理普及率（C10）	%	正向	30	0.043	—
	新能源公交车比例（C11）	%	正向	30	0.026	b
	新增低碳技术试点示范项目（C12）	项目数量	正向	2	0.029	—
资源循环利用水平（B3）	余热资源回收利用率（C13）	%	正向	60	0.031	b
	废弃资源回收利用率（C14）	%	正向	90	0.016	b
	一般工业固体废物综合利用率（C15）	%	正向	100	0.022	c
	再生资源循环利用率（C16）	%	正向	80	0.027	a, b
	工业用水重复利用率（C17）	%	正向	90	0.027	a, b
	再生水（中水）回用率（C18）	%	正向	20[4]	0.012	a

续表

分类	指标	单位	相关性	参考值	权重	指标来源
绿色化进程（B4）	园区空气质量优良率（C19）	%	正向	80	0.011	b
	单位工业增加值废水排放量（C20）	吨/（10^4元）	负向	5	0.027	a
	单位工业增加值固废产生量（C21）	吨/（10^4元）	负向	0.1	0.019	a
	重点排放源稳定排放达标情况（C22）	是/否	正向	是	0.039	a
	绿化覆盖率（C23）	%	正向	30	0.019	a, b
	主要污染物排放弹性系数（C24）	—	负向	0.3	0.012	a, b
工业园区建设管理水平（B5）	智慧平台建设（C25）	完成/部分完成/未完成	正向	完成	0.018	—
	是否具备（一站式）政务服务大厅（C26）	是/否	正向	是	0.018	—
	新建工业建筑中绿色建筑比例（C27）	—	正向	30	0.021	b
	大宗货物非公路货运比例（C28）	%	正向	10	0.017	—
	公共充电桩与电动汽车比例（C29）	%	正向	2	0.010	—
	近3年是否发生重大突发事件（C30）	是/否	正向	否	0.014	a, c

注：a 代表《国家生态工业示范园区标准》；b 代表《绿色园区评价要求》；c 代表《国家高新技术产业开发区综合评价指标体系》；d 代表《国家级经济技术开发区综合发展水平考核评价办法》；a'、c'、d' 对应指标体系中所用指标倒数；1）装备制造业主导园区；2）化工类园区；3）可再生能源资源匮乏地区取5；4）缺水地区取30。

五　评价指数的计算

指标体系中包含定性与定量两类指标，但以定量指标为主。定量指标中部分为正向指标，值越大表明发展水平越好；部分为负向指标，值越小表明发展水平越好。定量指标参考式（6-3）（6-4）对各指标参数进行无量纲和归一化处理。

$$正向指标：c_i = \begin{cases} 0, x_i \leqslant 0 \\ \dfrac{x_i}{x_{\text{ref}}}, x_i \leqslant x_{\text{ref}} \\ 1, x_i > x_{\text{ref}} \end{cases} \qquad (6-3)$$

$$负向指标：c_i = \begin{cases} 1, x_i \leqslant x_{\text{ref}} \\ \dfrac{x_{\text{ref}}}{x_i}, x_i > x_{\text{ref}} \end{cases} \qquad (6-4)$$

式中，x_i 表示指标 i 的真实值，x_{ref} 表示指标 i 的参考值，c_i 表示指标 i 的得分情况。

各项指标无量纲和归一化后，采用加权平均法得到工业园区减污降碳协同增效发展指数（Index of Industrial Park Synergizing the Reduction of Pollution and Carbon Emissions，IPSR），计算方法如式（6-5）所示，类似方法常用于工业园区绿色绩效指数构建。[①] IPSR 收敛在 [0，100]，值越大代表发展水平越好，最佳水平为 100。

①　田金平、臧娜、许杨、陈吕军：《国家级经济技术开发区绿色发展指数研究》，《生态学报》2018 年第 38 卷第 19 期，第 7082~7092 页；赖玢洁、田金平、刘巍、刘婷、陈吕军：《中国生态工业园区发展的环境绩效指数构建方法》，《生态学报》2014 年第 34 卷第 22 期，第 6745~6755 页。

$$IPSR = \sum_{i=1}^{30} w_i c_i \times 100 \qquad (6-5)$$

式中，w_i 为指标 i 的权重。

第二节 案例工业园区评价与讨论

一 数据来源

案例园区是位于黄河中上游地区的国家级高新区，以新材料、有色金属冶炼、装备制造业为主导产业。工业园区相关数据主要来自案例园区相关部门调研资料和所在地市统计年鉴。考虑到数据可得性，本书以 2018~2020 年为研究时段。其地区生产总值、三大产业结构占比、用地面积均来源于所在地市统计年鉴。能源消费数据以规上工业分能源消费的调研数据为基础，并以规上规下工业产值比例推算出全工业口径能源消费量。第一产业与第三产业能源消费量则由稀土高新区与包头市产值比例折算得出。居民能源消费以常住人口占包头市比重推算而得。二氧化碳排放计算化石能源消费碳排放量以及电力净调入的间接碳排放量，化石能源排放因子参考《省级温室气体清单编制指南（试行）》，电网排放因子参考对应年份华北区域电网排放因子。

二 评价结果

案例园区 2018~2020 年的 ISPR 评价结果如表 6-2 所示。园区 IPSR 逐年提升，从 2018 年的 63 提至 2020 年的 70，提高了 11.1%。从准则层指标年际变化来看，园区在发展效率、能源清洁低碳化水平和工业园区建设管理水平三方面逐步改善，资源循环利用水平 2020 年得分与 2019 年持平，而绿色化进程在 2020 年得分要低于前两年。由图6-3可知，2018~2019 年工业园区发展效率的提升是驱动 IPSR 提升的重要因素，2019~2020 年工业园区发展效率的提升和能源清洁低碳化水平的提升是 IPSR 提高的重要因素。比较准则层指标与理想水平方面，稀土高新区资源循环利用水平与理想值最接近，约为理想值的 92.5%，绿色化进程接近理想值的 87.1%。发展效率、能源清洁低碳化水平和工业园区建设管理水平为理想值的 60%~70%。

表 6-2　2018~2020 年园区 IPSR 得分

指标	得分			理想值
	2018 年	2019 年	2020 年	
发展效率	20.36	22.47	24.18	39.16
能源清洁低碳化水平	14.80	15.25	16.63	24.88
资源循环利用水平	12.20	12.49	12.49	13.50
绿色化进程	11.15	11.33	11.05	12.69
工业园区建设管理水平	4.45	4.83	5.84	9.71
IPSR	63	66	70	100

各准则层指标得分变化如图 6-4 所示。发展效率中碳生产力、能源产出率、高新技术企业工业总产值占园区工业总产值比例的提高均较为明显。在能源清洁低碳化水平中，除能源消费弹性系数出现逆向变化外，其他二级指标均保持增长，并抵消了能源消费弹性系数的负向效应。可再生能源使用比例和碳排放弹性系数对能源清洁低碳化水

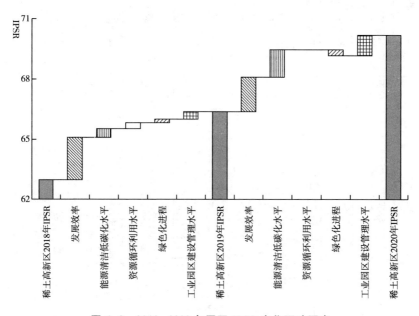

图 6-3　2018~2020 年园区 IPSR 变化驱动因素

平贡献较突出。资源循环利用水平中除一般工业固体废物综合利用率外，其他各项废弃物循环利用水平均有提高。绿色化进程关注工业园区污染物排放治理，除单位工业增加值废水排放量未能改善外，其他指标仍保持在较好水平，得分稳定。在工业园区建设管理水平方面，随着稀土高新区建设工作持续推进，基础设施绿色低碳水平不断提升，得分稳步增长。

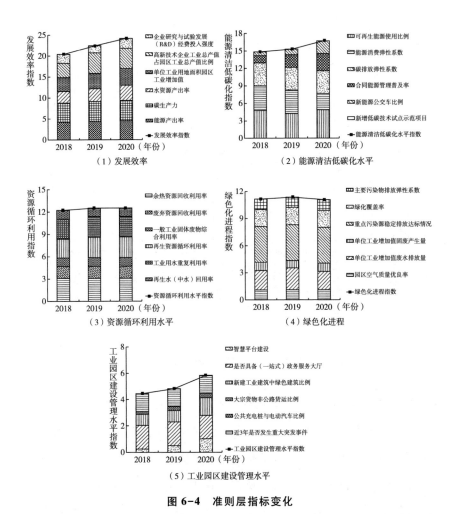

图 6-4 准则层指标变化

三 讨论

从评价结果来看，案例园区 IPSR 在逐年改善，2020 年为理想值的 70.0%，整体减污降碳协同增效发展水平仍然欠佳，改善空间较大（见

表 6-2)。从各准则层指标得分与理想水平的差距来看，案例园区下一步重点在于全力提高发展效率、改善能源消费结构以及持续大力推动工业园区基础设施建设。相较而言，工业园区建设管理水平可通过实施专项建设行动得到完善，指标改善预期较为明朗。2020 年，发展效率得分为理想值的 61.7%，差距明显，且由于权重最高，直接导致工业园区整体得分难以提升。其中，水资源产出率和企业研究与试验发展（R&D）经费投入强度得分较低，提升空间较大，亟须提高科技创新能力、增加研发投入、提升低耗高效行业产业占比。其能源转型一方面需调整能源供应结构，另一方面需由产业升级来驱动。工业园区在资源循环利用水平和绿色化进程方面已较为接近理想值水平，部分资源回收利用水平和污染物治理情况持续超越理想值，下一步需要做好精准治污。但一般工业固体废物综合利用率和单位工业增加值废水排放量仍低于理想值情况，需引起高度重视，找准重点企业和生产工艺工程提升相应指标水平。本研究构建的指标体系主要强化了协同增效，评价结果较好地展示了案例园区在能源、资源利用率方面提升的成效。若未进行强化，相关指标权重下降，循环利用和污染物治理等指标权重相对提升，案例园区 IPSR 可能呈现平稳甚至下降的结果，无法客观反映出发展质效的提升，不利于引导推动减污降碳。

根据原科学技术部火炬高技术产业开发中心通报的 2021 年国家高新区综合评价结果，案例园区在参评的 157 家国家级高新区中居中间水平。相较而言，国家级高新区在各类国家级和省级工业园区中发展水平较高、资源循环利用率较好、污染治理程度较好、基础设施建设较全面。作为在国家级高新区中游位置的案例园区，其 IPSR 在 70 分左右，因此推断多数国家级和省级工业园区减污降碳协同增效发展仍处于较低水平。考虑到国家级和省级工业园区占全部工业园区总数的比例不到17%，县乡一级工业园区发展水平更是堪忧，全国大部分工业园区可能难以过及格线。在碳达峰碳中和发展目标下，工业减污降碳协同治理任务需求迫切，形势较为严峻。

第三节　结论与展望

本研究主要结论如下。

第一，研究提出的工业园区减污降碳协同增效评价指标体系在案例园区得到了较好应用，在统计数据和调研信息支撑下，对高新区2018~2020年减污降碳协同增效工作顺利进行了评估，量化了园区在五大方面得分变化以及整体指数变化情况，掌握了园区减污降碳协同增效发展现状，并结合各准则层和二级指标得分变化情况分析了园区的工作重点。案例研究表明，研究内容有潜力推广至更大范围工业园区，为全面推进减污降碳协同增效提供有效工具。

第二，结合案例园区在全国高新区排名情况，推断全国工业园区减污降碳协同增效发展处于较差水平。

本研究提出的评价指标体系对案例园区的评价结果存在不确定性，主要体现在评价年限不够长、评价指标权重有待优化。下一步将通过收集不同主导产业类型的工业园区以及多年份的资料，优化指标体系和评价方法，以期能为工业园区实现减污降碳协同增效提供技术支持，为管理部门提供有效评价工具，扎实推动工业园区提升绿色低碳高质量发展水平。

第七章　国家级经济技术开发区
减污降碳协同发展评价[*]

　　《减污降碳协同增效实施方案》将产业园区作为减污降碳协同增效的重要着力点，同时提出要在产业园区开展减污降碳协同度评价研究。国家级经济技术开发区（以下简称"国家级经开区"）自1984年设立以来到目前全国共有230家。[①] 2021年，国家级经开区实现地区生产总值12.8万亿元，占国内生产总值的11%，占全国进出口总额的22.8%[②]，是我国经济发展的重要增长极[③]。国家级经开区历经近40年

---

　　[*]　本章内容以《典型国家经济技术开发区减污降碳协同发展研究》为题收录于《中国环境科学学会2023年科学技术年会论文集（一）》，收入本书时有修改。

　　[①]　《国家级经济技术开发区230个（2021年6月更新）》，http：//www.mofcom.gov.cn/xglj/kaifaqu.shtml，最后访问日期：2023年3月10日。
　　[②]　《商务部公布2022年国家级经济技术开发区综合发展水平考核评价结果》，http：//file.mofcom.gov.cn/article/syxwfb/202301/20230103379178.shtml，最后访问日期：2023年3月10日。
　　[③]　《国家级经济技术开发区综合发展水平考核评价办法（2021年版）》，http：//www.gov.cn/xinwen/2021-11/02/content_5648352.htm，最后访问日期：2023年3月10日。

的发展，工业企业集中，是《大气污染防治行动计划》《水污染防治行动计划》等污染防治战略的重点治理对象，在开展生态示范工业园区、循环化改造示范园区、低碳示范园区以及绿色园区创建的过程中，也积累了很多经验和做法，为推动减污降碳协同打下了良好基础。

目前关于工业园区绿色低碳转型路径探索方面已有较多研究，但多从经济发展、资源能源消耗和循环经济等方面构建指标体系[①]，有研究逐步关注到园区减污降碳协同增效[②]。国家生态工业示范园区、绿色园区等现行的相关创建和考核工作尽管归口单位不同，但在考核指标中均有涉及污染物和碳减排的指标。在推动减污降碳协同增效形势下，面向园区减污降碳协同增效评价的研究相对较少，更是缺乏不同园区间的对比分析。

本章在前期研究提出的工业园区减污降碳协同增效评价方法基础上，引入障碍度模型[③]，就东部沿海地区发展水平较高、主导产业较有

---

① 赵若楠、马中、乔琦、昌敦虎、张玥、谢明辉、郭静：《中国工业园区绿色发展政策对比分析及对策研究》，《环境科学研究》2020年第33卷第2期，第511~518页；徐宜雪、崔长颢、陈坤、唐艳冬：《工业园区绿色发展国际经验及对我国的启示》，《环境保护》2019年第47卷第21期，第69~72页；费伟良、李奕杰、杨铭、唐艳冬、张晓岚：《碳达峰和碳中和目标下工业园区减污降碳路径探析》，《环境保护》2021年第49卷第8期，第61~63页；Hu Q., Huang H. P., Kung C. C., "Ecological Impact Assessment of Land Use in Eco-industrial Park Based on Life Cycle Assessment: A Case Study of Nanchang High-tech Development Zone in China." *Journal of Cleaner Production*, 2021, p. 126816。

② 杨儒浦、王敏、胡敬韬、律严励、赵梦雪、李丽平、冯相昭：《工业园区减污降碳协同增效评价方法及实证研究》，《环境科学研究》2023年第36卷第2期，第422~430页。

③ 黄天能、李江风、许进龙、廖晓莉：《资源枯竭城市转型发展绩效评价及障碍因子诊断——以湖北大冶为例》，《自然资源学报》2019年第34卷第7期，第1417~1428页。

代表性的 6 个典型的国家级经开区 2015 年、2018 年、2020 年减污降碳协同增效水平进行评估，并识别障碍因子，分析国家级经开区在减污降碳协同发展中存在的普适性问题和挑战。

第一节 方法与数据

一 技术路线

研究技术路线如图 7-1 所示，从经济发展水平、主导产业、区域分布选取具备典型代表意义的 6 个国家级经开区为研究对象，通过现场调研走访，查阅统计年鉴、统计公报及文献调研等方式收集基础数据，并运用前期建立的减污降碳协同增效发展指数（Index of Industrial Park Synergizing the Reduction of Pollution and Carbon Emissions，IPSR）对案例园区在 2015 年、2018 年以及 2020 年的减污降碳协同增效情况进行测算，采用障碍度模型识别障碍因子。基于协同度评价及障碍因子识别结果，对园区发展特点、共性问题及发展水平进行整体判断，进而提出未来发展的建议。

二 研究方法

为准确识别影响协同度的具体指标，本章内容引入障碍度模型，在协同度评价的基础上对因子贡献度、指标偏离度、障碍度指数进行测

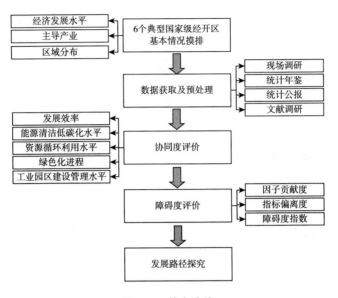

图 7-1 技术路线

算。障碍度模型已在土地集约、生态保护等领域广泛应用。[①] 其中，因子贡献度是指单一指标对 IPSR 的权重；指标偏离度是指单一指标与 IPSR 目标之间的差距，即与 100 之差；障碍度，即指标层、准则层对 IPSR 的影响程度。相较传统回归和计量方法适用的外部系统，障碍度模型擅长对系统内部因素及其作用程度剖析，充分反映园区减污降碳协

---

① 李文正、刘宇峰、张晓露、邓晨晖：《陕西省城市绿色发展水平时空演变及障碍因子分析》，《水土保持研究》2019 年第 6 期，第 280～289 页；赵喆、王宏卫、魏敏、桂阳、何珍珍：《新疆丝绸之路南线生态安全及障碍度分析》，《环境科学与技术》2018 年第 2 期，第 197～205 页；徐影秋、刘志强、洪亘伟、王俊帝：《中国城市公园综合发展水平评价及障碍度分析》，《生态经济》2021 年第 37 卷第 6 期，第 87～93 页。

同发展的内在规律，进而挖掘园区高质量发展的着力点。

各单项指标障碍度得分：

$$o_j = \frac{(1 - y_{ij}) \times w_j}{\sum\limits_{j=1}^{n} (1 - y_{ij}) \times w_j}$$

准则层障碍度得分：

$$o = \sum o_j$$

式中，i 为年份，j 为第 j 个指标。w_j 为指标权重，y_{ij} 为指标标准化值。o_j 和 o 得分越高，阻碍程度越大。

三　研究对象

郝吉明院士团队对长江经济带工业园区进行了系统研究[①]，全国近五成国家级经开区分布于长江经济带，且长江经济带国家级经开区的主导产业中，装备制造业、电子设备制造业、汽车制造业、医药制造业、新材料和新能源产业排名前五，数量占比均在 10% 以上。参照其研究结果，本章研究选取长江经济带最具活力的东部沿海地区的 6 个主导产业代表性强的国家级经开区作为研究对象，如表 7-1 所示，长三角区域 4 个省份均有涉及。各园区 2020 年产值均在 200 亿元以上，总产值近 3000 亿元，有三家园区在全国年度考核中排名居前 20 位。

---

① 郝吉明、田金平、卢琬莹、盛永财、赵佳玲、赵亮、郭扬、胡琬秋、高洋、陈亚林、陈吕军：《长江经济带工业园区绿色发展战略研究》，《中国工程科学》2022年第 24 卷第 1 期，第 155~165 页。

表 7-1　案例园区主导产业信息

示意名称	省市	主导产业
A	江苏省	汽车、电气机械器材、电子
B	江苏省	电子信息、光电、装备机械
C	江苏省	机械电子、纺织服装、新能源
D	浙江省	化工、汽车、金属冶炼加工
E	上海市	装备制造、机电、医药
F	安徽省	家电、装备制造、电子信息

资料来源：主导产业来自《中国开发区审核公告目录（2018 年版）》，http://www.gov.cn/zhengce/zhengceku/2018-12/31/content_5434045.htm，最后访问日期：2023年 1 月 20 日。

第二节　评价结果

（一）总体评价结果

案例园区 IPSR 评价结果如表 7-2 所示。各园区 IPSR 由 2015 年的49.89~64.72 逐步提升至 2020 年的 59.86~69.73，平均得分提高12.34%，减污降碳协同增效水平整体提高明显。案例园区评价年份IPSR 主要障碍因子基本一致，排名前三的障碍因子分别为碳生产力、可再生能源使用比例、再生资源循环利用率，障碍度累计在 40%以上。

2015 年经开区 E（位于上海市且以装备制造产业为主）IPSR 最低，近几年通过大力引进高新技术企业，提高高新技术企业工业总产值占园区工业总产值比例、发展可再生能源等方式，至 2020 年 IPSR

已跃升至 65.22，排名第三。2015 年得分倒数第二的经开区 C，在"十三五"期间围绕新能源汽车、智能装备等主导产业打造完备产业链过程中严把项目绿色准入条件，实施"腾笼换凤"盘活土地资源，有力清退低端低效产能、持续调优产业结构，大力推动废气废水回收利用与污染物精细治理，到 2020 年园区 IPSR 跃升到 69.73，居案例园区首位。

表 7-2　案例园区 IPSR 评价结果及障碍因子

年份	A	B	C	D	E	F	主要障碍因子
2015	60.31	58.89	52.89	58.48	49.89	64.72	碳生产力、可再生能源使用比例、再生资源循环利用率
2018	68.45	61.42	68.30	57.89	65.56	66.14	
2020	62.56	62.68	69.73	59.86	65.22	66.51	

从 5 个准则层的角度分析园区 IPSR 的驱动因素如图 7-2 所示，发展效率对最终得分的贡献均在 50% 左右，影响最为显著；其次是能源清洁低碳化水平，年际变化最为明显，是园区 IPSR 提高的重要驱动因素。从园区纵向发展来看，经开区 A 的 IPSR 在 2018 年出现高值，2020 年由于发展效率水平下滑、得分下降，导致 IPSR 较 2018 年回落；经开区 B 和 F 得益于能源结构和污染治理水平的不断优化，IPSR 在持续提升，但改善幅度不显著；经开区 C 和 E 在 2018 年由于能源结构改善和发展水平提升实现了 IPSR 大幅提升，但力度难以持久，2020 年 IPSR 略微优化。经开区 D 则在经历 2018 年 IPSR 轻微下滑后，2020 年因发展效率和污染治理水平的提高得分超过了 2015 年。

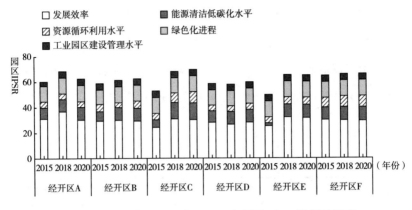

图7-2　2015年、2018年、2020年园区IPSR及驱动因素

（二）细分评价结果

各准则层中子指标得分情况如图7-3所示（准则层"工业园区建设管理水平"因数据有限，评价得分年际无变化，未进行细化分析）。发展效率得分中，各园区距目标得分差距较小，但年际波动显著，主要障碍因子为碳生产力（障碍度20%左右），其次为企业研究与试验发展（R&D）经费投入强度（障碍度5%左右）。其中能源产出率得分贡献最高，碳生产力年际变化明显，企业研究与试验发展（R&D）经费投入强度仍有进步空间。碳生产力在各园区发展效率中贡献不同，其快速提高直接促进了经开区A的2018年得分出现峰值。另外，经开区E的企业研究与试验发展（R&D）经费投入强度最高，帮助其在2020年各园区的发展效率得分排名中领先。能源清洁低碳化水平得分中，整体呈现增长趋势，但各园区距目标得分仍有较大差

距，主要障碍因子为可再生能源使用比例（障碍度18%左右）。其中能源消费弹性系数得分贡献最高，反映出园区内节能降耗工作突出；除经开区C外，大部分园区可再生能源使用比例低，归因于东部沿海地区可再生资源有限。资源循环利用水平得分中，各园区得分持续改善，但距目标得分差距较大，主要障碍因子为再生资源循环利用率（障碍度7%左右）。再生资源循环利用率及再生水（中水）回用率各园区差异较大主要由于各园区主导产业不同。绿色化进程得分中，各园区保持增长趋势，且2020年基本可以达到目标值（各指标累计障碍度不足5%），也表明东部沿海城市典型国家级经开区的绿色化进程水平较高，基本满足空气质量、重点污染源稳定达标、固废/废水排放强度、主要污染物排放弹性系数及绿化覆盖率要求。

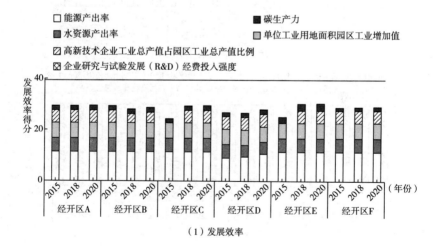

（1）发展效率

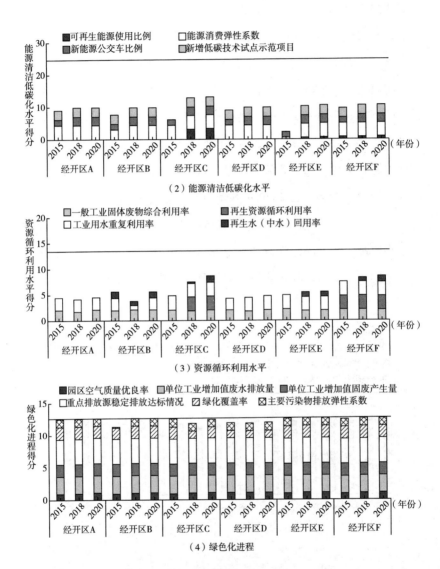

图 7-3　准则层各指标 IPSR 及变化趋势

说明：图中粗线为准则层目标得分。

根据评价结果，案例园区 IPSR 逐年改善，2020 年接近目标值的 60%~70%，整体减污降碳协同增效水平仍有较大进步空间。考虑到本章内容选取的 6 个国家级经开区在商务部组织的全国国家级经开区年度综合考核排名中位处前列，产业结构较轻、发展水平较高，不难推测我国大部分国家级经开区的减污降碳协同增效工作仍处于较低水平，需着力破解提升动力。深度改善能源结构以及提高资源利用水平将是各园区未来持续提升减污降碳协同增效水平的重要着力点。

第三节　建议

（一）发挥国家级经开区示范作用

国家级经开区作为我国工业园区的发展高地，在园区规划、建设、招商、运营过程中要将减污降碳作为核心战略，全力打通区域内能源流、信息流、物质流，着力打造产业共生体系，推动产城深度融合发展，定期开展减污降碳协同增效评估工作，并就推动中的问题、成效及关键性技术，定期发布减污降碳协同推进良好实践，对外分享经验及做法。

（二）深度挖掘可再生能源消费潜力

目前经开区可再生能源使用比例较低、能源消费结构改善空间较大，尽管风光资源和可开发土地资源有限，电子信息、汽车、医药、纺织服装等行业能源消费结构具有特殊性，可再生能源直接使用潜力不足，但通过引导生产技术设备升级，开发利用可再生热能，以及氢能、氨能等可再生能源二次产物，在深度改善能源消费结构的同时也能大力提升发展效率。

（三）持续优化产业结构

发挥园区企业集聚性、规模性优势和产业链、供应链协同创新优势，充分挖掘产业共生潜力，构建产品间、企业间、区域间协作的动-静脉耦合产业链接和共生网络，利用园区行政管理相对独立及基础设施集约化的特点，聚力提升园区以及耦合接壤城市的再生资源循环利用率及再生水（中水）回用率，打造具有园区特色的循环经济体系。

（四）健全园区管理体系

国家级经开区在污染物治理及绿色低碳发展方面已积累了一定基础，但在数字化管理方面仍有较大改善空间。建议开发统一的监管平台或在已有的智慧平台建设基础上完善建筑、交通、余热余压回收利用等基础信息及排放核算相关模块，补足园区基础数据统计核算底数不清、不全以及难以追踪的短板，支撑园区一体化、精细化、长效化管理。

第八章　重点工业行业减污减碳协同增效评估

"紧盯环境污染物和碳排放主要源头，突出主要领域、重点行业和关键环节，强化资源能源节约和高效利用，加快形成有利于减污降碳的产业结构、生产方式和生活方式"是《减污降碳协同增效实施方案》的重要要求。重点行业在国民经济发展和污染物温室气体/排放中占据重要地位，可以说一头连着经济发展，一头连着减污降碳。以"两高"行业为例，其行业增加值约占工业行业增加值的34%，碳排放和大气污染物排放对工业碳排放贡献占比在90%以上。[①] 因此，通过建立协同评估方法，识别和筛选减污降碳重点行业，分析驱动因素，提出政策建议，是从末端治理到源头管控转变，实现环境、气候、经济效益多赢的重要载体和着力点。

---

① 张彬、冯相昭、李丽平：《以"两高"行业为抓手推动产业链减污降碳协同增效》，《中国环境报》2022年7月22日，第3版。

第一节　重点行业减污降碳协同增效政策分析

工业、交通、城乡建设、农业、生态建设等领域是减污降碳协同增效的重点。除《减污降碳协同增效实施方案》，其他领域相关政策也涉及减污降碳协同增效。本研究重点分析工业领域减污降碳协同增效政策。

（一）总体政策和要求

《减污降碳协同增效实施方案》对推进重点工业领域减污降碳协同增效提出了全流程绿色发展、推进工业节能和能效水平提升、推动去产能和淘汰落后产能改革、重点行业耦合发展等四方面要求。

一是推动全流程绿色发展。实施绿色制造工程，推广绿色设计，探索产品设计、生产工艺、产品分销以及回收处置利用全产业链绿色化，加快工业领域源头减排、过程控制、末端治理、综合利用全流程绿色发展。

二是推进工业节能和能效水平提升。推动能源清洁低碳转型。重点控制化石能源消费，有序推进钢铁、建材、石化化工、有色金属等行业煤炭减量替代；以钢铁、有色金属、建材、石化化工等行业为重点，推进节能改造和污染物深度治理；加快修订石化化工、钢铁、有色金属、建材、机械等行业强制性能耗限额标准，提升电机、风机、泵、压缩机、电焊机、工业锅炉等重点用能产品设备强制性能效标准。

三是推动去产能和淘汰落后产能改革。深化钢铁行业供给侧结构性改革，严格执行产能置换，严禁新增产能，推进存量优化，淘汰落后产能；研究建立大气环境容量约束下的钢铁、焦化等行业去产能长效机制，逐步减少独立烧结、热轧企业数量；对重点行业实现能耗总量、碳排放总量控制，制订工业领域和钢铁、石化化工、有色金属、建材等重点行业碳达峰实施方案，统筹谋划碳达峰路线图和时间表；明确到2025 年，钢铁、有色金属、建材等重点行业能源消耗总量、碳排放总量控制取得阶段性成果。

四是重点行业耦合发展。推动冶炼副产能源资源与建材、石化化工行业深度耦合发展。鼓励重点行业企业探索采用多污染物和温室气体协同控制技术工艺，开展协同创新。

（二）具体工业行业政策和要求

钢铁行业。2022 年《钢铁行业节能降碳改造升级实施指南》中提出要开展绿色化、智能化、高效化电炉短流程炼钢示范，推动能效低、清洁生产水平低、污染物排放强度大的先进工艺装备，初步凸显减污降碳的工作要求。"全面推进超低排放改造，统筹推进减污降碳协同治理"作为《关于促进钢铁工业高质量发展的指导意见》（工信部联原〔2022〕6 号）的基本原则，该意见还从建立低碳冶金创新联盟、构建钢铁生产全过程碳排放数据管理体系、推动钢铁行业超低排放改造等方面统筹推进减污降碳协同治理。

石化化工行业。石油化工产业减污降碳协同创新以技术改造升级为重要手段，2022 年《关于"十四五"推动石化化工行业高质量发展的指导意见》（工信部联原〔2022〕34 号）中首次提出"构建原料高效利用、资源要素集成、减污降碳协同、技术先进成熟、产品系列高端的产业示范基地"。《石化化工行业稳增长工作方案》（工信部联原〔2023〕126号）进一步明确要加大技术改造力度。实施重点行业能效、污染物排放限额标准，瞄准能效标杆和环保绩效分级A级水平，推进炼油、乙烯、对二甲苯、甲醇、合成氨、磷铵、电石、烧碱、黄磷、纯碱、聚氯乙烯、精对苯二甲酸等行业加大节能、减污、降碳改造力度。

冶金建材行业。推动钢铁、电解铝、水泥、平板玻璃等行业节能降碳行动一直以来是冶金、建材行业减污降碳工作的重点，并且随着节能降碳技术的推广应用，两行业清洁生产水平和能源利用效率不断提升。2022年9月，"减污降碳"作为重点任务再次被纳入《建材工业"十四五"发展实施意见》（中建材联行发〔2022〕70号）中，并强调在水泥、玻璃、陶瓷等行业逐步推动改造建设一批减污降碳协同增效的绿色低碳生产线，围绕行业节能减污降碳的重大工艺、技术、装备、产品，开展化石能源替代、低碳零碳工艺流程再造、新型绿色低碳胶凝材料生产、污染物超低排放、固废资源化利用等具有迭代性、颠覆性技术攻关。同年11月，《有色金属冶炼行业节能降碳改造升级实施指南》中首次提出"合理压减终端排放，结合电解铝和铜铅锌冶炼工艺特点、实施节能降碳和污染物治理协同控制"。此后，《建材行业碳达峰实施方案》（工信部联原〔2022〕149号）也将"促进减污降碳协同增效，稳妥有序推进碳达峰工作"纳入工作原则，从强化总量控制、推动原料替代、转变用能结构、加快技术创新、推进绿色制造等五个方面促进了行业的减污降碳工作。

电力行业。电力行业作为能源领域重点行业，是我国减污降碳协同工作推进的重要载体。2021年3月，中央财经委员会第九次会议首次提出新型电力系统的概念，提出构建以新能源为主题的新型电力系统；7 月，《关于开展重点行业建设项目碳排放环境影响评价试点的通知》提出，率先在河北、吉林、浙江、山东、广东、重庆、陕西等地，从电力、钢铁、建材、有色、石化化工等重点行业入手，深入推动试点工作的开展；12 月，国家能源局公布的 2022 年能源工作"路线图"提出，提升电力系统调节能力，推进煤电灵活性改造，推动新型储能发展，优化电网调度运行方式。

工业行业减污降碳协同增效政策及其具体内容如表 8-1 所示。

表 8-1　工业行业减污降碳协同增效政策

类别	时间	政策	具体内容
国家层面	2021 年10 月	《中共中央 国务院关于完整准确全面贯彻新发展理念做好碳达峰碳中和工作的意见》	制订能源、钢铁、有色金属、石化化工、建材、交通、建筑等行业和领域碳达峰实施方案。以节能降碳为导向，修订产业结构调整指导目录。开展钢铁、煤炭去产能"回头看"，巩固去产能成果。加快推进工业领域低碳工艺革新和数字化转型新建、扩建钢铁、水泥、平板玻璃、电解铝等高耗能高排放项目严格落实产能等量或减量置换，出台煤电、石化、煤化工等产能控制政策
	2021 年10 月	《2030 年前碳达峰行动方案》	深化钢铁行业供给侧结构性改革，严格执行产能置换，严禁新增产能，推进存量优化，淘汰落后产能。促进钢铁行业结构优化和清洁能源替代，大力推进非高炉炼铁技术示范，提升废钢资源回收利用水平，推行全废钢电炉工艺

续表

类别	时间	政策	具体内容
国家层面	2021年11月	《中共中央 国务院关于深入打好污染防治攻坚战的意见》	到2035年，广泛形成绿色生产生活方式，碳排放达峰后稳中有降，生态环境根本好转，美丽中国建设目标基本实现。深入推进碳达峰行动，以能源、工业、城乡建设、交通运输等领域和钢铁、有色金属、建材、石化化工等行业为重点，深入开展碳达峰行动
	2021年12月	《"十四五"节能减排综合工作方案》	以钢铁、有色金属、建材、石化化工等行业为重点，推进节能改造和污染物深度治理。推进钢铁、水泥、焦化行业及燃煤锅炉超低排放改造，到2025年，完成5.3亿吨钢铁产能超低排放改造，大气污染防治重点区域燃煤锅炉全面实现超低排放。加强行业工艺革新，实施涂装类、化工类等产业集群分类治理，开展重点行业清洁生产和工业废水资源化利用改造
工业领域	2022年8月	《工业领域碳达峰实施方案》	坚持系统观念，统筹处理好工业发展和减排、整体和局部、长远目标和短期目标、政府和市场的关系，以深化供给侧结构性改革为主线，以重点行业达峰为突破，着力构建绿色制造体系，提高资源能源利用效率，推动数字化智能化绿色化融合，扩大绿色低碳产品供给，加快制造业绿色低碳转型和高质量发展
	2021年11月	《"十四五"工业绿色发展规划》	加强工业领域碳达峰顶层设计，提出工业整体和重点行业碳达峰路线图、时间表，明确实施路径，推进各行业落实碳达峰目标任务、实行梯次达峰

续表

类别	时间	政策	具体内容
工业领域	2022年2月	《高耗能行业重点领域节能降碳改造升级实施指南（2022年版）》	充分利用高等院校、科研院所、行业协会等单位创新资源，推动节能减污降碳协同增效的绿色共性关键技术、前沿引领技术和相关设施装备攻关
钢铁行业	2022年2月	《关于促进钢铁工业高质量发展的指导意见》	力争到2025年，钢铁工业基本形成布局结构合理、资源供应稳定、技术装备先进、质量品牌突出、智能化水平高、全球竞争力强、绿色低碳可持续的高质量发展格局 绿色低碳深入推进。构建产业间耦合发展的资源循环利用体系，80%以上钢铁产能完成超低排放改造，吨钢综合能耗降低2%以上，水资源消耗强度降低10%以上，确保2030年前碳达峰
石化化工行业	2022年4月	《关于"十四五"推动石化化工行业高质量发展的指导意见》	到2025年，石化化工行业基本形成自主创新能力强、结构布局合理、绿色安全低碳的高质量发展格局，高端产品保障能力大幅提高，核心竞争能力明显增强，高水平自立自强迈出坚实步伐 绿色安全。大宗产品单位产品能耗和碳排放明显下降，挥发性有机物排放总量比"十三五"降低10%以上，本质安全水平显著提高，有效遏制重特大生产安全事故
冶金建材行业	2022年11月	《建材行业碳达峰实施方案》	"十四五"期间，建材产业结构调整取得明显进展，行业节能低碳技术持续推广，水泥、玻璃、陶瓷等重点产品单位能耗、碳排放强度不断下降，水泥熟料单位产品综合能耗水平降低3%以上

续表

类别	时间	政策	具体内容
冶金建材行业	2022 年 11 月	《有色金属行业碳达峰实施方案》	"十四五"期间，有色金属产业结构、用能结构明显优化，低碳工艺研发应用取得重要进展，重点品种单位产品能耗、碳排放强度进一步降低，再生金属供应占比达到 24% 以上
电力行业	2021 年 11 月	《"十四五"能源领域科技创新规划》	开展面向新型电力系统应用的网络结构模式和运行调度，控制保护方式等关键技术研究
其他相关政策	2022 年 8 月	《科技支撑碳达峰碳中和实施方案（2022—2030 年）》	针对钢铁、水泥、化工、有色等重点工业行业绿色低碳发展需求，以原料燃料替代、短流程制造和低碳技术集成耦合优化为核心，深度融合大数据、人工智能、第五代移动通信等新兴技术，引领高碳工业流程的零碳和低碳再造和数字化转型
	2023 年 2 月	《关于统筹节能降碳和回收利用　加快重点领域产品设备更新改造的指导意见》	加强对地方和有关行业企业的工作指导，推动相关政策落实落地。推动废钢铁、废有色金属、废塑料等主要再生资源循环利用量达到 4.5 亿吨。到 2030 年，重点领域产品设备能效水平进一步提高，推动重点行业和领域整体能效水平和碳排放强度达到国际先进水平

续表

类别	时间	政策	具体内容
其他相关政策	2021 年 7 月	《关于开展重点行业建设项目碳排放环境影响评价试点的通知》	在河北、吉林、浙江、山东、广东、重庆、陕西等地开展试点工作，鼓励其他有条件的省（区、市）根据实际需求划定试点范围，并向生态环境部申请开展试点。试点行业为电力、钢铁、建材、有色、石化化工等重点行业，试点地区根据各地实际选取试点行业和建设项目

资料来源：根据各部委公开资料整理。

（三）政策分析与总结

减污降碳协同增效在煤炭、钢铁等重点行业实施方案中都有不同程度的体现，但相关政策仍存在一定的不足，包括政策实施过程中缺乏有力的抓手；行业之间关系尚未厘清，部门间未形成政策合力，缺乏关联性政策；减污降碳协同增效的技术仍在初级发展阶段，聚焦单项问题的技术多，解决复合型、关联型问题的技术不足；等等。

第二节 重点行业减污降碳协同增效评估方法及数据来源

基于国家统计局编制发表的 2017 年、2018 年和 2020 年投入产出表，以重点行业为评估对象，利用投入产出模型，计算重点行业对全产业链污染物和碳排放贡献，构建不同年度减污降碳协同增效情况具体评估方法。

（一）行业减污降碳协同增效评估

一是直接排放。基于文献综述等，对现有针对城市、行业、领域的协同指数进行全面梳理，如李丽平等[1]的"协同效应系数"（协同效应系数＝GHG 减排量/局地污染物减排量），Mao 等[2]提出的协同控制减排当量分析、协同控制效应坐标系分析以及协同控制交叉弹性分析等。

$$ELS_i = \frac{\Delta GHG_{i,(m,n)}/GHG_{i,(n)}}{\Delta LP_{i,(m,n)}/LP_{i,(n)}} \tag{8-1}$$

二是完全排放。各行业污染物/碳直接排放的年际变化计算公式为：

$$\sigma E_j = E_{j,t} - E_{j,0} \tag{8-2}$$

式（8-2）中，σE_j 为 j 部门直接污染/碳排放变动；$E_{j,t}$ 为 j 部门 t 时期污染物/碳排放总量；$E_{j,0}$ 为 j 部门基准时期污染物/碳排放总量。

直接污染/碳排放系数计算公式如下：

$$p_j = \frac{E_j}{x_j} \tag{8-3}$$

式（8-3）中，p_j 为 j 部门直接污染物/碳排放系数；E_j 为 j 部门污染物/碳排放总量；x_j 为 j 部门总产出。

各行业污染物/碳的完全污染排放系数计算公式为：

---

① 李丽平、周国梅、季浩宇：《污染减排的协同效应评价研究——以攀枝花市为例》，《中国人口·资源与环境》2010 年第 20 卷第 S2 期，第 91~95 页。
② Mao X. Q. , Zeng A. , Hu T. , et al. , "Co-control of Local Air Pollution and CO_2 in the Chinese Iron and Steel Industry." *Environmental Science & Technology* 47（21）, 2013, pp. 12002-12010.

$$\begin{cases} TE_j = \sum_i \dot{p}L \\ L = (I - A) - 1 \end{cases} \qquad (8-4)$$

式（8-4）中，TE_j 为 j 部门污染物/碳的完全排放系数；$\dot{p}$ 为 p 向量对角化；L 为列昂惕夫逆矩阵。

j 部门污染物/碳完全排放的年际变化计算公式为：

$$\sigma TE_j = TE_{j,t} \times x_{j,t} - TE_{j,0} \times x_{j,0} \qquad (8-5)$$

式（8-5）中，σTE_j 为 j 部门污染物/碳的完全排放变动；$TE_{j,t}$ 为 j 部门 t 时期污染物/碳的完全排放系数；$TE_{j,0}$ 为 j 部门基准时期污染物/碳的完全排放系数；$x_{j,t}$ 为 j 部门 t 时期总产出；$x_{j,0}$ 为 j 部门基准时期总产出。

根据式（8-1）和式（8-2），基于完全排放的 j 部门减污降碳协同弹性系数为：

$$TELS_j = \frac{\sigma TE_{j,GHG} / TE_{j,0,GHG}}{\sigma TE_{j,pollutant} / TE_{j,0,pollutant}} \qquad (8-6)$$

（二）结构分解

结构分解分析是将经济系统中某一个因素的变动分解为其他各因素的变动的和，目的是测度其他各因素的变动对该因素变动的贡献大小。一般而言，区域污染物/碳排放受碳排放强度效应、生产技术效应、最终需求结构效应所影响。根据研究需要，已有学者在排放强度效应、生产技术效应、最终需求结构效应基础上做了进一步分解。其中，最终需求可进一步分解为消费结构、经济规模、人口规模三个因素。根据结构分解法，可以得到污染物/碳排放量的变化量为：

$$Q_j = I_j \times A \times L \times Y_j \tag{8-7}$$

其中，Q_j 为 j 部门污染物/碳排放总量，I_j 为污染物/碳排放强度，A 为分部门的增加值率（对角阵，增加值与总产出的比例），L 为经济生产结构，即列昂惕夫逆矩阵，Y 为最终需求矩阵。

因此，根据结构分解法，可以得到 j 部门污染物/碳排放的变化量为：

$$\Delta Q_j = \Delta I_j \times A \times L \times Y_j + I_j \times \Delta A \times L \times Y_j + I_j \times A \times \Delta L \times Y_j + I_j \times A \times L \times \Delta Y_j \tag{8-8}$$

也就是说，可以将污染物/碳排放的差值分解为技术效应（排放强度变化）、增加值效应、列昂惕夫逆矩阵效应（经济结构效应）、最终需求效应 4 个部分。

结构分解分析模型通常有 4 种形式，主要的区别就是对交叉项的处理结果不一样，两极分解方法在各种分解方法里属于误差比较小的。故本研究采用两极分解方法来进行因素分解。

$$\Delta Q_j 1 = \Delta I_j \times A_t \times L_t \times Y_{j,t} + I_{j,0} \times \Delta A \times L_t \times Y_{j,t} + I_{j,0} \times A_0 \times \Delta L \times Y_{j,t} + I_{j,0} \times A_0 \times L_0 \times \Delta Y_j$$
$$\tag{8-9}$$

$$\Delta Q_j 2 = \Delta I_j \times A_0 \times L_0 \times Y_{j,0} + I_{j,t} \times \Delta A \times L_0 \times Y_{j,0} + I_{j,t} \times A_t \times \Delta L \times Y_{j,0} + I_{j,t} \times A_t \times L_t \times \Delta Y_j$$
$$\tag{8-10}$$

$$\Delta Q_j = \frac{1}{2} \Delta I_j (A_t \times L_t \times Y_{j,t} + A_0 \times L_0 \times Y_{j,0}) + \frac{1}{2} \Delta A (I_{j,0} \times L_t \times Y_{j,t} + I_{j,t} \times L_0 \times Y_{j,0}) +$$

$$\frac{1}{2} \Delta L (I_{j,0} \times A_0 \times Y_{j,t} + I_{j,t} \times A_t \times Y_{j,0}) + \frac{1}{2} \Delta Y_j (I_{j,0} \times A_0 \times L_0 + I_{j,t} \times A_t \times L_t)$$

$$\tag{8-11}$$

（三）数据来源

为分析重点行业污染物排放、碳排放以及产业之间的经济和环境关联关系，基于数据在时间尺度上的一致性和连续性的考虑，研究从投入产出表、中国环境统计年鉴、CEADs数据库选取2017年、2018年和2020年的投入产出数据、大气污染物排放数据以及碳排放数据进行计算和分析。

（四）行业的合并与选取

为使得大气污染物排放数据、碳排放数据和投入产出数据能够在行业层面相互吻合，研究根据《国民经济行业分类》（GB/T 4754-2017），对中国环境统计年鉴42个工业部门、CEADs的45个部门以及投入产出表153个部门进行了合并和对应，形成6大类30个部门，虽然对行业刻画的详细程度有所降低，但是实现了不同数据之间在行业层面的一致，具体行业划分如表8-2所示。

表8-2　合并后行业及部门分类

行业	编号	部门
农业	1	农林牧渔业
采掘业	2	化石能源洗选和开采业
	3	黑色金属矿采选业
	4	有色金属矿采选业
	5	非金属矿采选业
	6	其他采矿业
加工制造业	7	食品制造和烟草加工业
	8	纺织业

续表

行业	编号	部门
加工制造业	9	纺织服装鞋帽皮革羽绒及其制品业
	10	木材加工和家具制造业
	11	造纸及纸制品业
	12	印刷和文教体育用品制造业
	13	石油、煤炭及其他燃料加工业
	14	化学工业
	15	非金属矿物制品业
	16	黑色金属冶炼和压延加工业
	17	有色金属冶炼和压延加工业
	18	金属制品业
	19	通用设备制造业
	20	专用设备制造业
	21	交通运输设备制造业
	22	电气机械和器材制造业
	23	计算机、通信和其他电子设备制造业
	24	仪器仪表制造业
	25	其他制造业
循环利用业	26	废弃资源综合利用业
电力、热力、燃气及水的生产和供应	27	电力、热力生产和供应业
	28	燃气生产和供应业
	29	水的生产和供应业
服务业	30	服务业

第三节　主要结论与讨论

研究基于本章第二节构建的方法，基于可获得数据，对各行业2017~2019年基于直接排放、完全排放的行业减污降碳协同度进行了计算和评估，并对包括冶金、建材、石化化工、纺织、电力等在内的重点工业行业驱动减污降碳协同增效的因素进行了分析。

（一）基于直接排放的工业行业减污降碳协同增效评估

基于中国环境统计年鉴和 CEADs 数据库的数据，按照合并行业进行数据对应和加总，可以计算得出 2017 年、2018 年和 2019 年各行业工业 SO_2、工业 NO_x 以及工业颗粒物等大气污染物以及 CO_2 的排放量，尽管服务业有 CO_2 的排放数据，但是由于中国环境统计年鉴仅有工业大气污染物排放数据，因此在分析基于直接排放的行业减污降碳协同度时，暂不考虑服务业。将各行业直接排放的变化情况在协同坐标系上进行展示，如图 8-1、图 8-2 所示。

基于协同坐标系，可以初步判定部分行业在 2017~2019 年处于持续减污增碳过程，特别是 SO_2、NO_x 与 CO_2 之间的关系比较明显，例如电力、热力生产和供应业。此外还有少部分行业持续处于减污增碳，甚至增污增碳过程中，如燃气生产和供应业。从数量上看，减污降碳协同增效的行业数量仍较多。

基于式（8-1），对 2017~2018 年和 2018~2019 年各行业直接排放减污降碳协同度进行计算，可以发现在 2017~2019 年纺织业、造纸

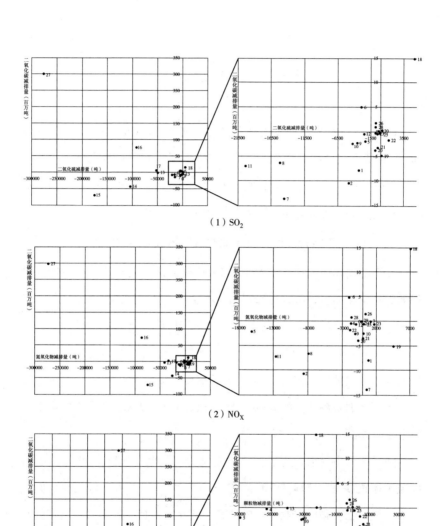

（1）SO₂

（2）NOₓ

（3）PM

图 8-1 2017~2018 年大气污染物与 CO₂ 协同减排坐标系

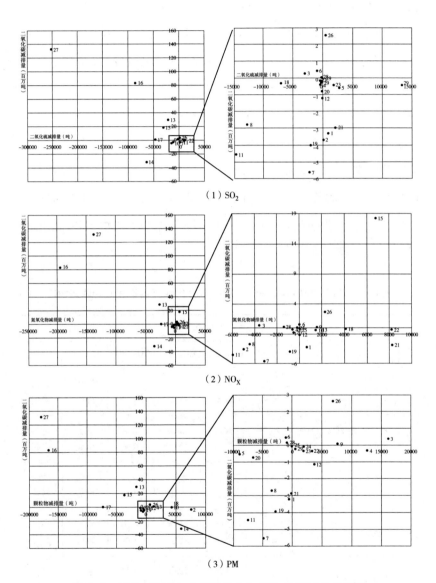

图 8-2　2018~2019 年大气污染物与 CO_2 协同减排坐标系

及纸制品业持续处于减污降碳协同增效过程，有色金属矿采选业、化学工业、仪器仪表制造业等行业除颗粒物外，SO_2、NO_x 与 CO_2 之间持续处于减污降碳协同增效过程；黑色金属冶炼和压延加工业，有色金属冶炼和压延加工业，电力、热力生产和供应业等处于持续减污增碳过程；电气机械和器材制造业，计算机、通信和其他电子设备制造业等行业处于增污降碳或向减污降碳过程演进中；纺织服装鞋帽皮革羽绒及其制品业、废弃资源综合利用业等行业有向增污增碳演进的趋势。总体而言，2017~2019 年以减污降碳的行业居多，增污增碳的行业占少数，增污降碳和减污增碳行业数量相差不多，总体居于中间。

表 8-3　2017~2018 年、2018~2019 年分行业直接排放减污降碳情况

序号	行业	2017~2018 年			2018~2019 年		
		CO_2/SO_2	CO_2/NO_x	CO_2/PM	CO_2/SO_2	CO_2/NO_x	CO_2/PM
1	农林牧渔业	减污降碳	增污降碳	减污降碳	增污降碳	增污降碳	减污降碳
2	化石能源洗选和开采业	减污降碳	减污降碳	减污降碳	增污降碳	减污降碳	增污降碳
3	黑色金属矿采选业	增污增碳	增污增碳	减污增碳	减污增碳	减污增碳	增污增碳
4	有色金属矿采选业	减污降碳	减污降碳	减污降碳	减污降碳	减污降碳	增污降碳
5	非金属矿采选业	减污降碳	减污降碳	减污降碳	增污降碳	增污降碳	减污降碳

续表

序号	行业	2017~2018 年			2018~2019 年		
		CO_2/SO_2	CO_2/NO_x	CO_2/PM	CO_2/SO_2	CO_2/NO_x	CO_2/PM
6	其他采矿业	减污增碳	减污增碳	减污增碳	减污增碳	增污增碳	减污增碳
7	食品制造和烟草加工业	减污降碳	增污降碳	减污降碳	减污降碳	减污降碳	减污降碳
8	纺织业	减污降碳	减污降碳	减污降碳	减污降碳	减污降碳	减污降碳
9	纺织服装鞋帽皮革羽绒及其制品业	减污降碳	减污降碳	减污降碳	增污增碳	增污增碳	增污增碳
10	木材加工和家具制造业	减污降碳	增污降碳	减污降碳	增污降碳	增污降碳	增污降碳
11	造纸及纸制品业	减污降碳	减污降碳	减污降碳	减污降碳	减污降碳	减污降碳
12	印刷和文教体育用品制造业	减污降碳	减污降碳	减污降碳	增污降碳	增污降碳	增污降碳
13	石油、煤炭及其他燃料加工业	减污降碳	减污降碳	减污降碳	减污增碳	减污增碳	减污增碳
14	化学工业	减污降碳	减污降碳	减污降碳	减污降碳	减污降碳	增污降碳
15	非金属矿物制品业	减污降碳	减污降碳	减污降碳	减污增碳	增污增碳	减污增碳
16	黑色金属冶炼和压延加工业	减污增碳	减污增碳	减污增碳	减污增碳	减污增碳	减污增碳
17	有色金属冶炼和压延加工业	减污增碳	减污增碳	增污增碳	减污增碳	减污增碳	减污增碳

序号	行业	2017~2018 年			2018~2019 年		
		CO_2/SO_2	CO_2/NO_x	CO_2/PM	CO_2/SO_2	CO_2/NO_x	CO_2/PM
18	金属制品业	增污增碳	增污增碳	减污增碳	减污降碳	增污降碳	增污降碳
19	通用设备制造业	增污降碳	增污降碳	增污降碳	减污降碳	减污降碳	减污降碳
20	专用设备制造业	减污降碳	减污降碳	增污降碳	增污降碳	减污降碳	减污降碳
21	交通运输设备制造业	减污降碳	减污降碳	增污降碳	增污降碳	增污降碳	减污降碳
22	电气机械和器材制造业	增污降碳	减污降碳	增污降碳	增污降碳	增污降碳	增污降碳
23	计算机、通信和其他电子设备制造业	减污降碳	增污降碳	增污降碳	增污降碳	增污降碳	增污降碳
24	仪器仪表制造业	减污降碳	减污降碳	减污降碳	减污降碳	减污降碳	增污降碳
25	其他制造业	减污降碳	增污降碳	增污降碳	减污降碳	减污降碳	增污降碳
26	废弃资源综合利用业	减污增碳	增污增碳	减污增碳	增污增碳	增污增碳	增污增碳
27	电力、热力生产和供应业	减污增碳	减污增碳	减污增碳	减污增碳	减污增碳	减污增碳
28	燃气生产和供应业	减污增碳	减污增碳	减污增碳	增污增碳	减污增碳	减污增碳
29	水的生产和供应业	减污增碳	减污增碳	增污增碳	减污降碳	减污降碳	增污降碳

续表

序号	行业	2017~2018 年			2018~2019 年		
		CO_2/SO_2	CO_2/NO_X	CO_2/PM	CO_2/SO_2	CO_2/NO_X	CO_2/PM
30	服务业	/	/	/	/	/	/
统计	减污降碳	18	14	14	10	11	8
	增污增碳	2	3	2	3	4	3
	减污增碳	7	6	7	7	6	7
	增污降碳	2	6	6	9	8	11

（二）基于完全排放的行业减污降碳协同增效评估

根据式（8-4）对各行业最终需求带来的完全大气污染物排放和 CO_2 排放进行计算，结合式（8-5）和式（8-6）对各行业基于完全排放的行业减污降碳评估。

从工业各行业所代表的各自全链条排放比例来看，大气污染物排放和 CO_2 排放在产业链条上具有高度的一致性，即大气污染物排放比例较高的工业行业产业链对应的 CO_2 全链条排放也较高，从目前 2017~2019 年分行业完全排放情况来看，交通运输设备制造业，计算机、通信和其他电子设备制造业，电气机械和器材制造业，食品制造和烟草加工业，化学工业等行业由于产业链条长或者自身排放较多，引发的全链条大气污染物排放和 CO_2 排放也相对较高，如表 8-4 所示。

从减污降碳指数角度来看，由于服务业对其他行业依赖和需求较多，且链条较长，因此服务业分担了大部分产业链条的 CO_2 排放和大气污染物排放。由于研究设定服务业直接排放为零，因此服务业的减污降碳情况能很好体现工业行业整体减污降碳情况，从 2017~2018 年、

表8-4　2017~2019年分行业完全排放情况

单位：%

序号	行业	2017年				2018年				2019年			
		SO_2	NO_x	PM	CO_2	SO_2	NO_x	PM	CO_2	SO_2	NO_x	PM	CO_2
1	农林牧渔业	2.72	2.64	2.58	3.50	2.49	2.46	2.33	3.21	2.98	2.95	2.79	3.72
2	化石能源洗选和开采业	0.12	0.14	0.58	0.18	0.19	0.21	0.83	0.27	0.00	0.00	0.02	0.01
3	黑色金属矿采选业	0.01	0.01	0.02	0.01	-0.02	-0.02	-0.05	-0.03	0.04	0.05	0.13	0.06
4	有色金属矿采选业	0.02	0.03	0.08	0.03	0.01	0.01	0.05	0.02	0.01	0.01	0.05	0.01
5	非金属矿采选业	0.04	0.06	0.12	0.05	0.10	0.13	0.30	0.13	0.08	0.10	0.23	0.10
6	其他采矿业	0.00	0.00	0.00	0.00	0.00	0.00	0.00	0.00	0.00	0.00	0.00	0.00
7	食品制造和烟草加工业	9.32	9.12	8.78	9.53	7.70	7.68	7.10	7.38	7.86	7.69	7.00	7.00
8	纺织业	1.59	1.50	1.28	1.53	1.45	1.41	1.19	1.41	1.51	1.59	1.35	1.55
9	纺织服装鞋帽皮革羽绒及其制品业	4.76	4.61	4.97	4.79	3.95	3.98	4.05	4.03	3.21	3.39	3.61	3.33
10	木材加工和家具制造业	2.29	2.18	3.75	2.09	2.03	1.96	3.36	1.80	2.13	1.97	3.79	1.75

续表

序号	行业	2017年				2018年				2019年			
		SO$_2$	NO$_x$	PM	CO$_2$	SO$_2$	NO$_x$	PM	CO$_2$	SO$_2$	NO$_x$	PM	CO$_2$
11	造纸及纸制品业	0.33	0.32	0.24	0.26	0.28	0.29	0.21	0.22	0.12	0.13	0.10	0.10
12	印刷和文教体育用品制造业	2.56	2.27	2.23	2.07	2.19	1.94	1.94	1.75	2.17	1.96	1.99	1.74
13	石油、煤炭及其他燃料加工业	1.56	2.30	3.25	1.40	1.84	2.82	4.00	1.75	1.38	2.14	2.94	1.36
14	化学工业	7.75	7.09	7.94	6.78	7.64	7.21	7.63	6.55	6.87	6.57	7.30	5.73
15	非金属矿物制品业	3.24	3.93	4.32	2.68	3.38	4.25	4.72	2.64	3.94	4.90	5.16	2.80
16	黑色金属冶炼和压延加工业	2.59	3.66	2.59	3.64	2.65	3.77	2.56	3.70	2.20	2.97	2.08	3.13
17	有色金属冶炼和压延加工业	1.62	0.99	1.00	0.73	1.82	1.01	1.12	0.75	1.50	0.80	0.88	0.62
18	金属制品业	3.67	4.10	4.09	4.16	3.60	3.94	3.92	4.03	4.09	4.49	4.65	4.73
19	通用设备制造业	6.46	6.58	6.58	6.57	7.83	7.94	8.25	7.78	8.26	8.31	8.66	8.32

续表

序号	行业	2017年				2018年				2019年			
		SO_2	NO_x	PM	CO_2	SO_2	NO_x	PM	CO_2	SO_2	NO_x	PM	CO_2
20	专用设备制造业	6.67	7.09	7.05	7.09	6.56	6.90	7.15	6.78	6.95	7.21	7.44	7.22
21	交通运输设备制造业	13.80	14.12	13.90	13.33	13.45	13.47	13.72	12.41	12.36	12.46	12.55	11.34
22	电气机械和器材制造业	9.86	8.60	8.17	7.49	9.61	7.99	7.89	6.82	10.74	8.85	8.56	7.54
23	计算机、通信和其他电子设备制造业	12.93	12.37	11.93	11.92	13.15	12.45	12.24	11.77	13.59	12.91	12.54	12.07
24	仪器仪表制造业	0.92	0.93	0.88	0.90	0.98	0.98	0.94	0.94	0.87	0.88	0.85	0.83
25	其他制造业	0.35	0.31	0.31	0.32	0.36	0.33	0.33	0.32	0.33	0.30	0.31	0.30
26	废弃资源综合利用业	0.06	0.06	0.08	0.05	0.06	0.06	0.08	0.05	0.07	0.07	0.10	0.06
27	电力、热力生产和供应业	4.19	4.35	2.09	8.02	6.08	6.15	2.97	12.53	5.80	6.26	2.89	13.03
28	燃气生产和供应业	0.31	0.38	1.00	0.46	0.30	0.36	0.97	0.47	0.52	0.59	1.72	0.79
29	水的生产和供应业	0.27	0.27	0.18	0.41	0.31	0.32	0.22	0.52	0.43	0.45	0.31	0.76

2018~2019 年两个时期行业减污降碳协同系数来看，整体上工业行业处于减污增碳过程，污染物排放有所下降，而碳排放有所上升。

从关注的重点工业行业产业链来看，纺织业的直接排放在 2017~2018 年、2018~2019 年两个时期均处于减污降碳过程，而其全链条完全排放则在 2018~2019 年处于减污增碳和增污增碳过程；化学工业直接排放有部分指标处于增污降碳过程，而其全链条完全排放则均处于减污降碳过程；非金属矿物制品业受其上游采掘业的影响，全链条在 2018~2019 年污染物排放有所增加，部分指标变为增污增碳；黑色金属冶炼和压延加工业、有色金属冶炼和压延加工业受上游化石能源洗选和开采业、采选业等减污降碳的作用，2018~2019 年全链条完全排放处于减污降碳过程；电力、热力生产和供应业受上游化石能源洗选和开采业在 2017~2018 年增污增碳的影响，其在 2017~2018 年由直接排放的减污增碳变为全链条的增污增碳，2018~2019 年仍处于减污增碳过程。具体如表 8-5 所示。

表 8-5　2017~2018 年、2018~2019 年分行业完全排放减污降碳情况

序号	行业	2017~2018 年			2018~2019 年		
		CO_2/SO_2	CO_2/NO_X	CO_2/PM	CO_2/SO_2	CO_2/NO_X	CO_2/PM
1	农林牧渔业	减污降碳	减污降碳	减污降碳	减污增碳	增污增碳	增污增碳
2	化石能源洗选和开采业	增污增碳	增污增碳	增污增碳	减污降碳	减污降碳	减污降碳
3	黑色金属矿采选业	减污降碳	减污降碳	减污降碳	增污增碳	增污增碳	增污增碳

序号	行业	2017~2018 年			2018~2019 年		
		CO_2/SO_2	CO_2/NO_X	CO_2/PM	CO_2/SO_2	CO_2/NO_X	CO_2/PM
4	有色金属矿采选业	减污降碳	减污降碳	减污降碳	减污降碳	减污降碳	减污降碳
5	非金属矿采选业	增污增碳	增污增碳	增污增碳	减污降碳	减污降碳	减污降碳
6	其他采矿业	/	/	/	/	/	/
7	食品制造和烟草加工业	减污降碳	减污降碳	减污降碳	减污降碳	减污降碳	减污降碳
8	纺织业	减污降碳	减污降碳	减污降碳	减污增碳	减污增碳	增污增碳
9	纺织服装鞋帽皮革羽绒及其制品业	减污降碳	减污降碳	减污降碳	减污降碳	减污降碳	减污降碳
10	木材加工和家具制造业	减污降碳	减污降碳	减污降碳	减污降碳	减污降碳	增污降碳
11	造纸及纸制品业	减污降碳	减污降碳	减污降碳	减污降碳	减污降碳	减污降碳
12	印刷和文教体育用品制造业	减污降碳	减污降碳	减污降碳	减污降碳	减污降碳	减污降碳
13	石油、煤炭及其他燃料加工业	减污增碳	增污增碳	增污增碳	减污降碳	减污降碳	减污降碳
14	化学工业	减污降碳	减污降碳	减污降碳	减污降碳	减污降碳	减污降碳
15	非金属矿物制品业	减污增碳	减污增碳	减污增碳	减污增碳	增污增碳	增污增碳

序号	行业	2017~2018 年			2018~2019 年		
		CO_2/SO_2	CO_2/NO_x	CO_2/PM	CO_2/SO_2	CO_2/NO_x	CO_2/PM
16	黑色金属冶炼和压延加工业	减污增碳	减污增碳	减污增碳	减污降碳	减污降碳	减污降碳
17	有色金属冶炼和压延加工业	减污增碳	减污增碳	减污增碳	减污降碳	减污降碳	减污降碳
18	金属制品业	减污降碳	减污降碳	减污降碳	减污增碳	减污增碳	增污增碳
19	通用设备制造业	增污增碳	增污增碳	增污增碳	减污增碳	减污增碳	减污增碳
20	专用设备制造业	减污降碳	减污降碳	减污降碳	减污增碳	减污增碳	减污增碳
21	交通运输设备制造业	减污降碳	减污降碳	减污降碳	减污降碳	减污降碳	减污降碳
22	电气机械和器材制造业	减污降碳	减污降碳	减污降碳	减污增碳	减污增碳	增污增碳
23	计算机、通信和其他电子设备制造业	减污增碳	减污增碳	减污增碳	减污降碳	减污降碳	减污降碳
24	仪器仪表制造业	减污增碳	减污增碳	减污增碳	减污降碳	减污降碳	减污降碳
25	其他制造业	减污增碳	减污增碳	减污增碳	减污降碳	减污降碳	减污降碳
26	废弃资源综合利用业	减污增碳	减污增碳	减污增碳	增污增碳	增污增碳	增污增碳
27	电力、热力生产和供应业	增污增碳	增污增碳	增污增碳	减污增碳	减污增碳	减污增碳

续表

序号	行业	2017~2018 年			2018~2019 年		
		CO_2/SO_2	CO_2/NO_X	CO_2/PM	CO_2/SO_2	CO_2/NO_X	CO_2/PM
28	燃气生产和供应业	减污增碳	减污增碳	减污增碳	增污增碳	增污增碳	增污增碳
29	水的生产和供应业	减污增碳	增污增碳	增污增碳	增污增碳	增污增碳	增污增碳
30	服务业	减污增碳	减污增碳	减污增碳	减污增碳	减污增碳	减污增碳
统计	减污降碳	14	14	14	16	16	15
	增污增碳	4	6	6	4	6	9
	减污增碳	11	9	9	9	7	4
	增污降碳	0	0	0	0	0	1

（三）重点行业减污降碳结构分解

受限于 2019 年和 2020 年数据问题，如有 2020 年投入产出表但缺乏 2020 年碳排放分行业数据，2019 年有碳排放、大气污染物分行业数据但没有投入产出表，本研究将聚焦于 2017~2018 年的交通运输设备制造业、化学工业、非金属矿物制品业、金属制品业以及电力、热力生产和供应业等 5 个行业就 NO_X 和 CO_2 排放变化进行结构分解。

（1）NO_X 排放

从 NO_X 的变化情况来看（见表 8-6、图 8-3），除金属制品业外，其他 4 个行业 NO_X 的排放均有所降低，主要是结构效应和技术效应发挥了较大作用，最终需求对于 NO_X 的排放均有拉动作用，NO_X 减排的增加值效应因行业不同而不同。

表 8-6　2017~2018 年重点行业 NO_x 减排结构分解

重点行业	技术效应	增加值效应	结构效应	需求效应
化学工业	-46749.35	5585.52	-28446.19	44834.02
非金属矿物制品业	-425484.61	124485.48	-5376.23	228533.36
金属制品业	2572.32	316.62	282.33	3840.73
交通运输设备制造业	196.95	-926.81	-602.63	1322.49
电力、热力生产和供应业	-485646.39	-22858.84	-14161.76	248426.99

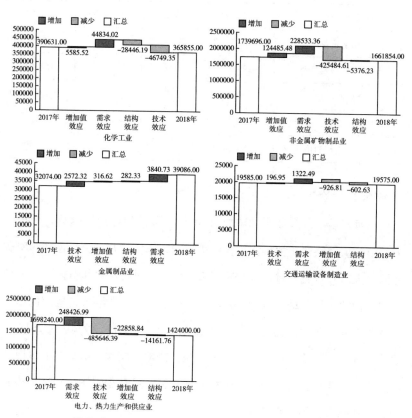

图 8-3　2017~2018 年重点行业 NO_x 减排结构分解

（2）CO_2 排放

与 NO_x 较为类似，除金属制品业外，其他 4 个行业 CO_2 的排放均有所降低，主要是结构和技术效应发挥了较大作用，最终需求对于 CO_2 的排放均有拉动作用，CO_2 减排的增加值效应因行业不同而不同。具体见表 8-7、图 8-4 所示。

表 8-7   2017~2018 年重点行业 CO_2 减排结构分解

重点行业	技术效应	增加值效应	结构效应	需求效应
化学工业	-55.53	3.34	-17.04	26.82
非金属矿物制品业	-299.33	82.66	-3.57	151.64
金属制品业	12.68	0.15	0.13	1.85
交通运输设备制造业	-3.24	-0.51	-0.33	0.73
电力、热力生产和供应业	-286.84	-62.77	-39.12	687.59

（四）讨论

本研究基于分行业工业大气污染物排放和 CO_2 排放数据，利用投入产出分析方法对相关行业从直接排放和完全排放视角分析了减污降碳协同关系，并对驱动重点行业减污降碳的动力进行了结构分解，技术效应和结构效应是驱动重点行业减污降碳的主要动力，而最终需求的增加往往会带来行业的增污增碳。由于数据不足，研究仅对 2017~2018 年的情况进行了讨论，由于时间跨度较短，技术效应和结构效应的体现并不充分，需要从更大时间尺度进行分析，另外受数据限制，研究未在驱动分析基础上就相关路径进一步展开。

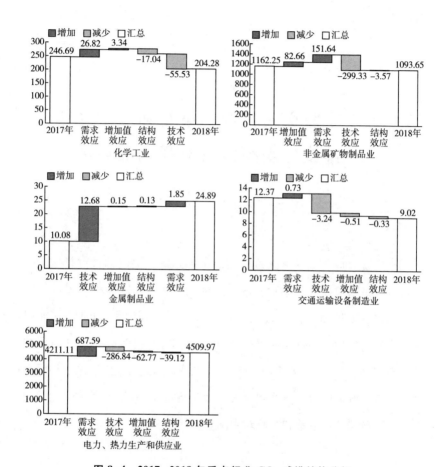

图 8-4　2017~2018 年重点行业 CO_2 减排结构分解

第九章 欧盟交通行业污染物和温室气体 排放控制经验及对我国的启示

交通行业是《减污降碳协同增效实施方案》关注的重点领域。交通行业也是欧盟大气污染物和碳排放的主要来源，欧盟统计署数据显示，2020年欧盟交通行业氮氧化物（NO_x）、细颗粒物（PM_{10}）、非甲烷挥发性有机物（NMVOC）和二氧化碳（CO_2）排放分别占欧盟总排放的70.8%、15.1%、8.7%和25.0%左右[①]，为同时控制污染物和温室气体排放，欧盟出台了一系列政策推动交通领域，特别是道路交通领域的减污降碳，这些政策和经验对中国有启示意义。

第一节 欧盟交通行业减污降碳政策及实践

（一）欧盟大气污染物和温室气体总体管控政策框架

欧盟在大气污染防治领域出台的政策主要分为大气质量（AAQ）

---

① 欧盟统计署，https://ec.europa.eu/eurostat，最后访问日期：2024年1月10日。

指令、基于来源的排放标准以及国家减排承诺指令（NEC）。第一个方面主要是设定良好大气质量目标，后两个方面主要是减少污染物排放。三者之间关系可看作基于来源的排放标准汇总形成了国家减排承诺，由基于来源的排放标准和国家减排承诺共同决定了大气质量。三者相互关系如图 9-1 所示。

环境大气质量（AAQ）指令
大气污染物最大浓度
（PM_{10}，$PM_{2.5}$，SO_2，NO_2，O_3+8种更多）

设定良好大气质量目标

减少污染物排放

国家减排承诺指令（NEC）
国家总排放
（SO_2，NO_x，NMVOC，$PM_{2.5}$，NH_3）

基于来源的排放标准
－ 工业排放指令
－ 中型焚烧电厂指令
－ 生态设计指令
－ 能效标准
－ 机动车排放（从欧 I 到欧 VI）和
　 燃料标准

图 9-1　欧盟大气污染防治政策体系

气候变化议题是欧盟关注的关键优先议题，2019 年 "欧洲绿色新政" 的启动为气候政策和行动注入了新动力。为落实 "欧洲绿色新政" 相关内容，欧盟制定了 "减碳 55 一揽子计划"（fit for 55）[①]，即到 2030 年比 1990 年至少减少 55% 的温室气体排放量，通过修订其气候、能源等相关立法，以使现行法律与欧盟 2030 年和 2050 年的气候目标保持一致。在减缓气候变化方面，2021 年欧盟通过了《欧洲气

---

① European Council. Fit for 55. https：//www.consilium.europa.eu/en/policies/green-deal/fit-for-55/ ［2024-2-23］.

候法》，将 2050 年实现气候中和的欧盟目标纳入法律文件。这些都为欧盟应对气候变化提供了良好政策框架支撑。

（二）欧盟交通行业减污降碳政策体系

基于大气污染物和温室气体排放管控政策总体框架，欧盟在交通领域制定并出台了诸多政策，并初步形成政策体系。主要包括以下方面。

一是加严车辆污染物排放标准。在交通行业大气污染物排放控制方面，欧盟最重要的政策工具是制定出台从欧 I 到欧 VI 的排放标准，目前最新的变化是欧盟委员会公布了一项拟引入欧盟汽车下一阶段排放标准的提案，即欧 VII 标准（见表 9-1）。该提案涵盖了轿车、货车、公共汽车和重型商用车，除规定排放限值外，还包含改善新车排放性能的内容，例如扩大包括城市地区驾驶等测试条件。此外，该提案还要求为车辆配备车载排放监测系统，并对氧化亚氮和甲醛等污染物进行首次监管，对刹车和轮胎磨损产生的颗粒物排放也进行管制。同时，该提案还对电动和插电式混合动力汽车使用电池的耐用性提出了要求。

表 9-1　拟议欧 VII 标准对主要污染物排放限值

污染物	汽车（mg/km）	汽车，每次旅程行驶少于10千米（mg/次）	货车（冷态排放，mg/kWh）	货车（热态排放，mg/kWh）	货车，每次行程少于3倍重型车发动机测量循环里程（mg/kWh）
NO$_X$	60	600	350	90	150
PM	4.5	45	12	8	10

续表

污染物	汽车（mg/km）	汽车，每次旅程行驶少于10千米（mg/次）	货车（冷态排放，mg/kWh）	货车（热态排放，mg/kWh）	货车，每次行程少于3倍重型车发动机测量循环里程（mg/kWh）
PN_{10}	6×10^{11}	6×10^{12}	5×10^{11}	2×10^{11}	3×10^{11}
CO	500	5000	3500	200	2700
THC	100	1000			
NMHC	68	680			
NH_3	20	200	65	65	70
NMOG			200	50	75
CH_4			500	350	500
N_2O			160	100	140
HCHO			30	30	

资料来源：European Parliament。

　　二是提升机动车 CO_2 减排目标。针对新乘用车和轻型商用车，为实现绿色新政提出的相关目标，欧盟在 2019 年发布了（EU）2019/631 指令，该指令是对 2009 年的（EC）NO 443/2009 指令和 2011 年的（EU）NO 510/2011 指令的更新，大幅提升了 2030 年新乘用车和轻型商用车车队 CO_2 减排目标，并新增了 2035 年减排目标（见表9-2）。针对重型车辆（卡车和公共汽车），2023 年初欧盟委员会公布了一项修订欧盟重型车辆二氧化碳排放性能标准的提案，将 2030 年后的减排目标进一步细化和加严（见表9-3），并要求从 2030 年起所有新的城市公交车都应实现零碳排放。

表 9-2 修订前后欧盟汽车和小货车车队 CO_2 减排目标

	2019 年法案车队目标		新提案修订目标	
	2025 年 1 月 1 日	2030 年 1 月 1 日	2030 年 1 月 1 日	2035 年 1 月 1 日
汽车	比 2021 年目标降低 15%	比 2021 年目标降低 37.5%	比 2021 年目标降低 55%	比 2021 年目标降低 100%
小货车		比 2021 年目标降低 31%	比 2021 年目标降低 50%	

资料来源：European Parliament。

表 9-3 修订前后欧盟重型车辆车队 CO_2 减排目标

	原有法案车队目标		新提案修订目标		
	2025~2029 年	2030 年以后	2030~2034 年	2035~2039 年	2040 年以后
重型车辆	比 2019 年降低 15%	比 2019 年降低 30%	比 2019 年降低 45%	比 2019 年降低 65%	比 2019 年降低 90%

资料来源：European Parliament。

三是将海运纳入欧盟碳市场。海运碳排放是欧盟碳排放的一个重要来源，2019 年欧盟海运排放 1.44 亿吨 CO_2，占到欧盟当年 CO_2 总排放量的 3%~4%。[1] 为此，2013 年欧盟委员会制定了一项针对海运部门的温室气体减排战略，包括对使用欧盟港口的大型船舶 CO_2 排放进行监测、报告和核查，设定海运部门的温室气体减排目标以及在中长期采取市场措施推动减排。2021 年 7 月，欧盟委员会提出修订欧盟碳市场

---

[1] European Council. Maritime Transport in EU Emissions Trading System. https：//climate. ec. europa. eu/eu-action/transport/reducing-emissions-shipping-sector/faq-maritime-transport-eu-emissions-trading-system-ets_en ［2024-2-23］.

（EU ETS）指令的建议案文，将海运部门纳入碳市场，如果修订法案通过，从 2024 年起海运部门将被纳入欧盟碳市场，欧盟内部航线、欧盟与域外航线的一半以及欧盟港口内的 CO_2 排放都将被 EU ETS 覆盖。

四是针对道路交通和建筑建立新的碳市场。为进一步推动 fit for 55 目标的实现，欧盟拟针对道路交通和建筑使用能源排放的 CO_2 建立一个独立的新的碳市场（EU ETS Ⅱ），该市场计划于 2027 年建成，如能源价格持续保持高位，将推迟到 2028 年建成。此外，为稳定 EU ETS Ⅱ 的碳配额价格，将建立一个新的价格稳定机制，如果 EU ETS Ⅱ 碳配额价格超过 45 欧元，将释放 20 万欧元的额外配额确保价格稳定。[①] 在该市场的建立过程中，可能会存在覆盖范围与现有碳市场（EU ETS）相互重叠、两个市场之间寻租等问题，欧盟拟通过加强两个市场之间数据共享等方式去解决，但是由于 EU ETS Ⅱ 仍处在研究和准备启动阶段，在未来实际运行中很可能会面临新的问题，欧盟打算按照现有时间计划先建立 EU ETS Ⅱ 并运行，再根据运行中遇到问题后逐一解决的方式来应对相关挑战。

第二节　欧盟区域和城市层面交通行业减污降碳政策及实践

（一）交通行业减污降碳政策案例——法国交通低排放区

道路交通是法国 NO_x 等大气污染物排放的主要来源，2019 年道路

---

① European Commission. ETS 2: Buildings, Road Transport and Additional Sectors. https：//climate. ec. europa. eu/eu-action/eu-emissions-trading-system-eu-ets/ets - 2 - buildings-road-transport-and-additional-sectors_en ［2024-2-23］.

交通 NO_x 排放占到了社会总排放的 54%，加上其他交通形式的排放，交通行业排放占社会总排放的 59%（见图 9-2）。[①] 从道路交通 NO_x 来源来看，城市道路交通产生的 NO_x 排放占到道路交通 NO_x 排放的 37%[②]，而城市又是居住密集区，因此减少道路交通在人口密集区域的排放，保护人群健康是设置交通低排放区的出发点。

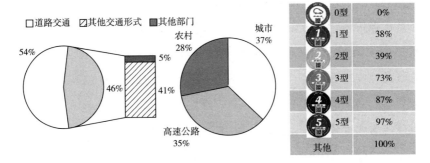

图 9-2　道路交通在行业和不同区域 NO_x 排放占比及不同车型排放累计占比

2019 年，法国正式推行交通低排放区（ZEF-M）措施，并于 2021 年逐步向所有居民人数超过 15 万人的城市扩展。[③] 目前，巴黎、里昂、

① Andre M., Sartelet K., Moukhtar S., Andre J. M., Redaelli M., "Diesel, Petrol or Electric Vehicles: What Choices to Improve Urban Air Quality in the Ile-de-France Region? A Simulation Platform and Case Study." *Atmospheric Environment* 241, 2020, p. 117752.

② Andre M., Sartelet K., Moukhtar S., Andre J. M., Redaelli M., "Diesel, Petrol or Electric Vehicles: What Choices to Improve Urban Air Quality in the Ile-de-France Region? A Simulation Platform and Case Study." *Atmospheric Environment* 241, 2020, p. 117752.

③ French-Property. Low Emission Zones in French Cities. https://www.french-property.com/news/french_life/low_emission_zones_cities_towns [2024-2-23].

尼斯等 11 个大城市先后宣布将在交通低排放区禁止高污染车辆驶入，并对违反规定车辆进行处罚。

目前，法国交通低排放区（ZEF-M）措施具有以下特征：一是通过限制污染最严重的车辆进入人口稠密地区从而保护相关人群；二是促进交通模式转换和车队更新进而改善空气质量；三是决策权掌握在地方当局手中并在实施过程中可以考虑当地具体情况进行调整；四是融入地方法律法规授权之中。

法国相关机构对 13 个实施 ZEF-M 措施的区域取得的减排效果进行了预测和评估，减排预期效果如表 9-4 所示，在禁止标签为 2 型及以上车辆进入低排放区，NO_x 和 PM_{10} 到 2025 年预计分别减少 68.6%、12.0%，禁止标签为 3 型及以上车辆进入低排放区，NO_x 和 PM_{10} 到 2025 年预计分别减少 10.4%、9.9%。[①]

表 9-4　法国 13 个不同区域实施 ZEF-M 措施后 2025 年减排预期效果

单位：%

区域	NO_x		PM_{10}	
	禁止标签为 3 型及以上车辆进入	禁止标签为 2 型及以上车辆进入	禁止标签为 3 型及以上车辆进入	禁止标签为 2 型及以上车辆进入
巴黎大区				
巴黎	-10.6	-81.7	-7.4	-8.8
奥弗涅-罗纳-阿尔卑斯大区				
克莱蒙-费朗	-12.7	-61.8	-11.0	-13.4

---

① 法国调研获取。

续表

区域	NO$_X$		PM$_{10}$	
	禁止标签为 3 型及以上车辆进入	禁止标签为 2 型及以上车辆进入	禁止标签为 3 型及以上车辆进入	禁止标签为 2 型及以上车辆进入
格勒诺布尔	-9.9	-47.4	-9.2	-11.1
里昂	-10.7	-58.6	-9.1	-11.1
瓦朗斯	-7.1	-31.7	-6.1	-7.3
阿尔夫谷	-9.5	-47.8	-8.6	-10.5
普罗旺斯-阿尔卑斯-蔚蓝海岸大区				
马赛	-10.9	-59.6	-11.9	-13.0
尼斯	-9.3	-54.4	-8.6	-13.6
土伦	-14.4	-85.0	-16.1	-22.4
大东部大区				
斯特拉斯堡	-15.8	-80.7	-14.2	-18.8
兰斯	-15.0	-79.1	-12.6	-18.4
奥克西塔尼亚大区				
蒙彼利埃	-7.1	-83.6	-17.9	-18.2
图卢兹	-6.9	-84.5	-17.0	-17.6
13 个区域合计	-10.4	-68.6	-9.9	-12.0

（二）交通行业减污降碳城市案例——大巴黎地区

法国大巴黎地区为解决交通带来的污染物和温室气体排放，治理理念从对交通的管控转变到对出行的管理，多措并举，推动交通行业减污降碳协同增效，具体措施有以下方面。

优化交通网络结构和连接方式。通过"新大巴黎交通"计划提出通过构建环线、延伸现有线路将郊区重要市镇联系起来,具体措施包括巩固现有区域内公共交通网络、补充完善市内地铁线路、延伸区域快铁、改善与地面交通站点(轻轨及公交)换乘。同时,还加强地区公共交通与骑行的便利性,地方政府、交通管理部门与交通出行数据中心致力于交通出行平台构建,使得出行者能够自行组合公共交通(公共汽车、有轨电车、市内地铁、区域快铁、大巴黎快线)、自行车与其他出行服务(拼车、出租车),实现最短时间或最低成本出行。

便利绿色低碳出行模式。2015年巴黎提出通过构建区域快速自行车网络,达到15%自行车出行承担比的出行目标。[①] 为此,巴黎采取在车站、公共建筑和便利设施附近增加自行车停车位、优化自行车搭乘轨道交通方式的举措,提升自行车使用便利程度和扩大自行车出行距离与服务范围。为创造更优质的步行环境,持续提升步行比例,大巴黎都市区共设置30个交通安宁化地区,将交通速度限制在20km/h以内。此外,巴黎推动城市更新项目成为优化慢行环境、创造新型社会活动空间的载体,将站点、广场与传统街道规划相结合,创造新型城市复合化空间环境。

对高排放车辆采取限制淘汰措施。2017年巴黎建立第一个交通限制区(ZCR),以减少污染严重车辆进入市中心。该措施要求巴黎本地所有车辆均需申请车辆污染程度标签,规定周一至周五8:00~20:00禁止未申请标签以及标签为5型的车辆进入限制区。随后,这项计划逐步

----

① 法国调研获取。

扩展到巴黎大都市区范围，自 2019 年 7 月起，高速公路 A86 范围内 79
个市镇均加入低排放区（ZFE）计划，从 2020 年起实行停车价格差异
化措施，污染最严重车辆将根据其标签支付更高停车费用。此外，巴黎
政府还通过财政奖励与扶持政策鼓励淘汰高污染车辆，置换低碳车辆，
并向停止使用旧车的业主提供资金支持用以安装自行车棚和充电站。

鼓励清洁能源交通。为大规模引入电力、氢等作为更清洁能源供应
来源，巴黎大都市地区开展公共充电系统规划，到 2024 年将开发至少
10 个低碳能源供应点，方便绿色电力、可再生气体、氢或其他能源驱
动的低碳车辆使用。[①] 此外，实现燃油汽车再次利用和降低行驶排放，
大巴黎地区鼓励燃油汽车电气化改造，一辆轻型汽车电气化成本约为
8000 欧元，2020 年起巴黎为每一辆使用超过 5 年的汽车改装提供 2500
欧元补贴，使得车辆改造再利用成本低于新购新能源车成本。

（三）交通行业减污降碳港口案例——安特卫普-布鲁日港

安特卫普-布鲁日港于 2022 年 5 月 1 日由原来的安特卫普港和泽布
吕赫港合并而成，是世界第十五大集装箱港，欧洲第二大港口和第二大
集装箱港，年均吞吐量 2.8 亿吨。[②] 作为全球领先港口，安特卫普-布
鲁日港致力于通过能源转型、优化港口设施等措施，推动港口减污
降碳。

推动港口船队绿色低碳化。安特卫普-布鲁日港拥有自己的拖船、
挖泥船和执法船队。为降低这些船只的碳排放，目前港口采取了许多措

---

① 法国调研获取。
② Port of Antwerp Bruges. Our Port. https：//www.portofantwerpbruges.com/en ［2024-
　　2-23］.

施，包括大力投资推动船队使用替代燃料，在可能的情况下将每艘船连接到岸电，以较低的转速运行现有车队以降低能耗。同时港口还系统地推动使用更经济、更环保的船舶类型替换船队，如开展氢和甲醇动力拖船项目，全电动、混合动力执法船项目。

推动港区道路交通绿色低碳化。为推动港区道路交通减污降碳，提升绿色低碳交通便利性，港区开展了一系列措施，如针对港口车辆污染物和温室气体排放问题，港口与 CMB 公司合作，开发氢能源货车和服务车辆（氢油混合动力卡车、跨运式起重机等），并逐步替换传统燃油汽车；为使自行车使用便利化，开通往返于城市与港区的自行车陆上和水上公交，允许乘坐人员在公交车上免费携带自行车，从而鼓励人们减少使用私家车，减少港区污染物和温室气体排放。

积极建设岸电设施。岸电设施允许靠岸的船舶关闭发动机或发电机并连接到电网，能有效减少 NO_x、SO_x、PM 等污染物和 CO_2 的排放，还能减少噪声污染。目前，安特卫普-布鲁日港驳船在停泊时已经能够连接到岸电，正在推进建设海船岸电设施，计划到 2026 年将岸电设施覆盖至布鲁日全部游轮码头，到 2028 年覆盖高潜力码头，到 2030 年使所有需要岸电的集装箱船都能实现连接。

第三节 欧盟交通行业减污降碳经验启示

（一）欧盟交通行业减污降碳经验总结

通过对欧盟交通行业减污降碳政策的梳理和分析，结合重点政策、城市和港口等特殊区域案例，对欧盟交通行业减污降碳经验总结如下。

　　移动源是推动减污降碳协同增效的重点领域之一。伴随欧盟产业结构调整和工业治污的不断深入，工业对于污染物和温室气体排放贡献正在逐渐减弱，特别是产业结构调整过程中"高污染""高排放"产业对外转移，使得移动源在减污降碳领域的重要性凸显。相关数据显示，欧盟交通行业 NO_x、PM_{10} 和 CO_2 排放分别占总排放的 70.8%、15.1% 和 25.0% 左右。[①] 中国未来在生产生活发展领域也会面临相同问题，一方面工业的全面绿色低碳转型将大幅降低工业对污染物和温室气体排放的贡献，另一方面随着生活水平的提升，为满足生产生活水平的物流行业和移动需求迅速增长，移动源对于污染物和温室气体排放的重要性将进一步凸显，因此移动源的污染物和温室气体协同减排以及交通行业与工业、物流等其他行业协同减排将成为未来我国推动减污降碳协同增效的重点对象和突出领域之一。

　　转变管理理念，从交通管控到出行管理。欧盟、法国对于交通领域的减污降碳经历了从管控交通到管理出行的理念转变。在管控交通的理念下更多考虑的是出台相关措施从工程、技术、政策上对现有交通工具的污染物和温室气体排放进行削减，而转变为管理出行的理念后，对于交通领域的减污降碳更多的是从出行路径选择、交通工具选择、不同交通方式的衔接、道路规划和城市规划等方面进一步优化出行模式，一方面通过不同的组合方式缩短交通路径、便利绿色低碳交通模式和场景的

---

①　Andre M., Sartelet K., Moukhtar S., Andre J. M., Redaelli M., "Diesel, Petrol or Electric Vehicles: What Choices to Improve Urban Air Quality in the Ile-de-France Region? A Simulation Platform and Case Study." *Atmospheric Environment* 241, 2020, p. 117752.

使用，减少污染物和温室气体排放；另一方面上述措施的制定和实施也应同时考虑提升出行的便捷度和体验感，即不以牺牲出行参与方利益为前提，从而获得更多利益相关方的支持。我国目前对交通行业的管理已逐渐从管控走向多方参与，未来还应进一步转变相关理念，推动交通领域减污降碳。

重视政策平衡性，充分考虑政策的成本效益。欧盟在制定相关政策和指令时，并不是一味追求政策实现最大减排效果，而是充分考虑政策的阶段性和可达性，在做好成本效益分析工作的前提下选择综合利益最大的政策情景实施，例如在环境空气质量（AAQ）指令对于$PM_{2.5}$和NO_2等大气污染物浓度标准的设定时，要充分考虑不同政策情景的可达性、减排成本、毛收益、效费比、健康影响等，通过量化评估和分析，最终不是选择$PM_{2.5}$和NO_2等大气污染物浓度最低的政策方案，而是选择$PM_{2.5}$和NO_2等大气污染物浓度次低、减排成本最小、毛收益和效费比最大、健康影响改善较大、可达性可接受的次优方案。因此，中国在减污降碳协同增效政策制定时也要充分考虑降碳、减污、扩绿、增长各个方面，选择制定推动交通行业减污降碳的创新增效政策措施。

多措并举，推动移动源减污降碳。欧盟等在交通领域特别重视运用多种手段，除使用包括不断提升机动车排放标准（欧 I 到欧 VI 以及正在讨论的欧 VII）和加严车队 CO_2 减排目标等强制性政策手段外，欧盟还充分使用包括碳市场、税收、补贴等经济措施，其中对于激励政策的运用，既降低行政执法成本，又最大限度地发挥利益相关者降低排放的积极性和主动性。还包括将海运纳入碳市场，为道路交通等建立新的碳市场；为避免低收入人群因排放标准加严而带来的出行不公平，实施换购车辆补贴政策；实施重污染天气交通限行背景下的公共交通免费或低价政策；促进低硫燃料和清洁技术应用的激励政策；等等。我国目前在政策制定领域也在逐步考虑命令控制性政策和市场导向型政策的结合使用，在交通领域的相关政策也在逐步出台和完善，未来我国可根据经济发展情况和产业发展需求，进一步灵活组合使用市场激励性措施与政策强制性措施，推动移动源减污降碳。

注重减污降碳协同增效技术创新。欧盟等在推动交通领域减污降碳方面，除重视使用各种政策手段之外，也鼓励各种替代技术的创新和运用，如加大交通领域对新能源技术的使用，包括对交通工具使用的传统能源进行电力、氢、甲烷、氨等多种绿色、低碳以及绿色低碳能源的替代应用，鼓励在这个过程中的技术创新，推动相关管理部门与技术企业的合作等，从源头实现交通行业减污降碳协同增效。

（二）欧盟交通行业减污降碳协同增效经验的启示

欧盟交通行业减污降碳协同增效的经验，对我国有以下方面的启示。

一是加快结构调整，从源头推动交通减污降碳。调整能源结构，进一步推动交通工具从使用传统能源向使用新能源转变，推动电力、氢、甲烷、氨等多种绿色、低碳以及绿色低碳能源的使用。优化运输结构，进一步推动大宗货物及中长距离货物运输"公转铁""公转水"。提高运输组织效率，推进多式联运发展，推进综合货运枢纽建设，推动铁水、公铁、公水、空陆等联运发展，将多式联运的概念和思想落实到相关政策中，利用信息技术、大数据等技术优化运输结构，分地区因地制宜推广应用多式联运。

二是多措并举，创新和深化交通行业减污降碳工作。做好多规衔接工作，特别是产业布局、城市发展、道路更新、交通基础设施及配套建设等与出行相关的规划衔接，提升交通运输效率，降低单位排放强度。加强机动车尾气排放的达标监管，做好机动车国 6B 排放标准实施准备工作，确保机动车在全生命周期内都能稳定达到排放标准要求。加强对在用汽油车 VOCs 的监管，研究相应检测方法和监管制度。研究"低排放区策略"，各城市可根据实际情况因地制宜，包括实施时间、范围、标准安排等。研究制定综合性政策，包括经济补贴、碳市场扩容纳入交通研究、增加公共交通投资等。

三是开展交通行业减污降碳政策成本效益分析。针对正在制定和拟定的涉及交通行业减污降碳的相关政策设置不同政策和政策组合情景，开展成本效益分析，以降碳、减污、扩绿、增长为目标，从可达性、减排成本、毛收益、效费比、健康影响等方面进行量化评估和分析，并对不同情景进行对比研究，结合实际情况和需求，从"最大公约数"角度选择最终政策或政策组合推动交通行业减污降碳。

四是加强中国交通行业减污降碳工作在国际上的宣传。利用报纸、电视、网络以及生态环境部的微博、微信公众号等媒体大力宣传中国交通行业减污降碳工作，正面引导舆论，为政策出台营造积极社会氛围。在国际双边会议、多边会议上主动宣传中国交通行业减污降碳工作，不仅要在生态环境领域讲，在气候变化领域以及其他工业和经济领域更要讲好中国交通行业减污降碳故事。

第十章 城市交通部门温室气体和大气污染物协同减排潜力分析

——以唐山市为例*

自 20 世纪 90 年代以来，全球交通领域温室气体（GHG）排放量持续攀升。根据政府间气候变化专门委员会（IPCC）第六次评估报告第三工作组报告，2019 年交通领域已成为全球第四大排放源，排在能源供应、工业以及农林土地利用部门之后，约占全部 GHG 排放量的 15%，且增速要高于其他终端能源消费部门。[①] 交通部门实现碳中和目标的难度要高于其他部门。现阶段，交通领域产生的 GHG 排放主要来源于运输工具所消耗的成品油的燃烧过程，在产生 GHG 的同时排放大量大气污染物。《减污降碳协同增效实施方案》将交通领域作为协同减排的重要领域。

---

* 本章内容以《城市交通部门温室气体和大气污染物协同减排潜力分析——以唐山市为例》为题发表于《环境工程技术学报》2023 年第 13 卷第 6 期，收入本书时有修改。

① IPCC, Climate Change 2022：Mitigation of Climate Change, Cambridge：Cambridge University press, 2022.

交通领域大气污染物和 GHG 排放控制作为社会绿色低碳转型的重点方面，已开展了大量研究，但减污降碳协同研究自 2012 年才逐步引起相关学者注意。[①] 冯相昭等[②]对全国道路、铁路、水运、航空和管道运输等不同方式结合减排程度政策情景分析了其协同减排潜力。汽车在行驶过程中，车载空调制冷剂（HFCs）的泄漏同样是 GHG 排放的重要来源。自 20 世纪 90 年代起，各国遵守《蒙特利尔议定书》约定，启动对消耗臭氧层制冷剂的削减和替代行动。HFCs 逐步取代氯氟碳化物和氢氯氟碳化物制冷剂，被大规模使用。当前，车载空调制冷剂以 HFC-134a 为主，其升温潜势大，每年泄漏量会引起超过 4000 万吨 CO_2eq（二氧化碳当量）的 GHG 排放。[③] 当前有关交通部门减污降碳的研究多集中在大气污染物与 CO_2 的协同减排方面，鲜有涉及与其他 GHG 减排的协同，且对协同度的测量常采用减排量或是减排率的比值，结果受分子分母所处位置影响较大，难以全面反映协同程度。

唐山市是我国重要的工业城市，客运和货运需求旺盛且长期保持增长趋势，目前全市汽车保有量已超 260 万辆，10 年增长近百万辆[④]，交通运输产生的大气污染物和 GHG 排放量预计将随汽车保有量增加而持

① 肖劲松、杨聪：《大气污染物和温室气体排放协同控制在交通行业的实践》，《绿叶》2012 年第 6 期，第 111～118 页。
② 冯相昭、赵梦雪、王敏、杜晓林、田春秀、高霁：《中国交通部门污染物与温室气体协同控制模拟研究》，《气候变化研究进展》2021 年第 17 卷第 3 期，第 279～288 页。
③ 北京大学环境科学与工程学院：《汽车空调 HFCs 制冷剂减排绿皮书》，2018 年 12 月。
④ 《唐山市机动车保有量 10 年增长近百万辆》，https：//www.tangshan.gov.cn/zhuzhan/bsxw/20220914/1460849.html，最后访问日期：2024 年 2 月 21 日。

续攀升，以其作为案例城市开展道路交通降碳减污协同增效研究具有代表性。本研究在 LEAP（the Low Emission Analysis Platform）模型中建立唐山市交通模型，分析不同减排措施对未来全市交通部门能耗、碳排放和制冷剂泄漏量的影响，并提出减排协同度测量手段，以期为城市交通领域绿色低碳发展提供借鉴。

第一节　研究方法与数据来源

一　LEAP 模型

LEAP 是由瑞典斯德哥尔摩环境研究所开发的自下而上的能源技术模型，常用于研究城市、区域和国家层面的能源结构和排放预测。本研究以唐山市 2019 年交通运输情况为基础，分析不同减排措施到 2035 年的减排贡献情况。模型结构如图 10-1 所示，将研究对象区分为客运和货运两种类型，客运车辆按大小分为微型客车、小型客车、中型客车、大型客车和摩托车，再根据其归属权进行区分，下一步依照不同动力形式以国 0 至国 6 不同排放标准在模型中进行区别，货车分类方式类似。

（一）能耗和 GHG 排放

根据运输工具的活动水平和能源效率计算能源消费量。[①] 营运类车辆和私家车根据保有量、年均行驶里程和百公里油耗计算，其他交通运输类型则以货运周转量和单位货运周转量综合能耗计算。

---

① 黄莹、郭洪旭、廖翠萍、赵黛青：《基于 LEAP 模型的城市交通低碳发展路径研究——以广州市为例》，《气候变化研究进展》2019 年第 15 卷第 6 期，第 670~683 页。

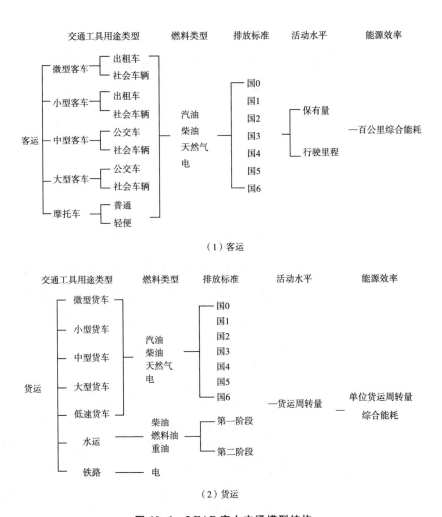

（1）客运

（2）货运

图 10-1　LEAP 唐山交通模型结构

交通部门 GHG 排放目前仅考虑能源活动产生的 CO_2 排放量，采用排放因子法计算，如式（10-1）所示。

$$EM_{CO_2} = \sum E_i \times E_{CO_2,i} \qquad (10-1)$$

式（10-1）中：EM_{CO_2} 为交通部门 CO_2 排放量；E_i 为第 i 种能源的活动水平；$E_{CO_2,i}$ 为第 i 种能源的碳排放因子（以 CO_2 计，下文同）。

（二）汽车制冷剂 HFCs 泄漏量

当前市场上应用最广泛的车用空调制冷剂为 HFC-134a，尽管其在大气中生存寿命较短，但 100 年全球变暖潜能值高达 1430。汽车 HFCs 排放量参考《2006 IPCC 国家温室气体清单指南》中第三卷第七章部分有关制冷内容的排放计算方法，共涉及 4 个过程，计算公式如下。

$$E_{HFCs} = \sum_j (E_{HFCs,j}^{ini} + E_{HFCs,j}^{ope} + E_{HFCs,j}^{mai} + E_{HFCs,j}^{dip}) \tag{10-2}$$

式（10-2）中：j 为车辆类型，主要包括小汽车、客车和货车；$E_{HFCs,j}^{ini}$ 为新车初装阶段的泄漏量；$E_{HFCs,j}^{ope}$ 为车载空调运行过程中的泄漏量；$E_{HFCs,j}^{mai}$ 为车辆维修过程中的泄漏量；$E_{HFCs,j}^{dip}$ 为车辆报废时产生的排放量。4 个过程泄漏量计算如式（10-3）至式（10-6）所示。

$$E_{HFCs,j}^{ini} = NVN_j \times A_j \times LKini_j \tag{10-3}$$

$$E_{HFCs,j}^{ope} = NVO_j \times A_j \times LKope_j \tag{10-4}$$

$$E_{HFCs,j}^{mai} = NVM_j \times A_j \times LKmai_j \tag{10-5}$$

$$E_{HFCs,j}^{dip} = NVD_j \times A_j \times LKdip_j \tag{10-6}$$

式（10-3）至式（10-6）中：NVN、NVO、NVM 和 NVD 分别为新组装的车辆数、当前保有量、接受维修的车辆数和报废的车辆数；A_j 为 j 型车初次装入 HFCs 的量；$LKini_j$、$LKope_j$、$LKmai_j$ 和 $LKdip_j$ 分别为初装、运行、维修和报废阶段 HFCs 的泄漏率，单位分别为 kg/辆、kg/

辆、kg/（辆·a）、kg/辆。初装量、泄漏因子等参考 Xiang 等[1]的研究。

唐山市不生产汽车，故初装阶段泄漏量不在计算范围。但根据中国汽车技术研究中心有限公司的研究报告，每年约 5% 的载客汽车需要重新加载制冷剂。对于报废车辆，采用全国 2.78% 的报废率推算唐山市因车辆报废而引起的 HFCs 泄漏量。[2] 机动车保有量常采用有饱和水平限制的 Gompertz 模型[3]并参考冯相昭等[4]的研究预估。

（三）大气污染物排放计算

交通部门产生的大气污染物排放量采用排放因子法计算，公式如下。

$$EM_p = \sum E_{i,m} \times E_{i,m,p} \qquad (10-7)$$

式（10-7）中：EM_p 为交通部门大气污染物 p 的排放量；$E_{i,m}$ 为具体排放类型车辆对燃料 i 的消费量；$E_{i,m,p}$ 为 m 类型车辆的第 i 种能源的大气污染物 p 的排放因子，单位为 t/t（以标准煤计）；p 为 SO_2、NO_x、

［1］　Xiang X. Y., Zhao X. C., Jiang P. N., Wang J., Gao D., Bai F. L., An M. D., Yi L. Y., Wu J., Hu J. X., "Scenario Analysis of Hydrofluorocarbons Emission Reduction in China's Mobile Air-Conditioning Sector." *Advances in Climate Change Research* 13（4），2022，pp. 578-586.

［2］　陈元华、杨沿平、胡纾寒、谢林明、杨阳、黄威、陈志林：《我国报废汽车回收利用现状分析与对策建议》，《中国工程科学》2018 年第 20 卷第 1 期，第 113~119 页。

［3］　Wu T., Zhang M., Ou X., "Analysis of Future Vehicle Energy Demand in China Based on a Gompertz Function Method and Computable General Equilibrium Model." *Energies* 7（11），2014，pp. 7454-7482.

［4］　冯相昭、赵梦雪、王敏、杜晓林、田春秀、高霁：《中国交通部门污染物与温室气体协同控制模拟研究》，《气候变化研究进展》2021 年第 17 卷第 3 期，第 279~288 页。

VOCs 和 PM$_{2.5}$；m 为不同大小、使用类别、排放标准的车型。

二 减排协同度

为直观对比各措施协同减排效果，同时避免不同物质排放量基数差异的干扰，减排弹性系数常用作衡量指标，但弹性系数需要选定污染物或是 GHG 减排率分别作为分子和分母，弹性系数较大的减排措施往往是某一类物质减排率要显著高于另一类物质，一旦调换分子与分母，弹性系数将取倒数，同一个措施将面临不同的解读结果。起源于协同理论的协同度参数在区域绿色低碳协同领域已有较多应用，用于反映不同指标间协同改善的程度，结果不受主观组合不同参数的影响，能够较好避免弹性系数法的不足，对于污染物和 GHG 协同减排程度有较好刻画，如式（10-8）所示。

$$SNI_{c/s} = \begin{cases} \dfrac{\Delta_c \times \Delta_s}{\left[(\Delta_c + \Delta_s)/2 \right]^2}, \Delta_c \& \Delta_s > 0 \\ 0, \Delta_c \text{ or } \Delta_s \leqslant 0 \end{cases} \qquad (10\text{-}8)$$

式（10-8）中，SNI 为降碳减污协同度，Δ 为减排率，C 为污染物，S 为 GHG；当 Δ_c 和 Δ_s 均大于 0 时，该措施可实际产生协同减排效果，否则不具备协同减排潜力；SNI 得分为 [0，1]，越靠近 1 表明协同度越高，越靠近 0 表明几乎不具备协同减排效应。根据得分情况，参考王涵等[1]的研究，将 SNI 划分为不同等级（见表 10-1）。

---

[1] 王涵、李慧、王涵、王淑兰：《我国减污降碳与地区经济发展水平差异研究》，《环境工程技术学报》2022 年第 12 卷第 5 期，第 1584~1592 页。

表 10-1　协同度等级

协同度类型	协同度指数得分	符合代表
优质协同	0.90~1	+++++
良好协同	0.80~0.89	++++
中级协同	0.70~0.79	+++
初级协同	0.60~0.69	++
接近协同	0.50~0.59	+
协同较差	0.01~0.49	O
不协同	0	—

为综合对比特定减排措施对不同大气污染物综合减排效果，需采取归一化指标进行度量。当前，常根据污染物及 GHG 的化学、物理、生物、健康影响，或依据污染物的定价等方式，赋予其适当的权重，各污染物归一化采用式（10-9）进行核算。

$$E_{AP} = \alpha E_{SO_2} + \beta E_{NO_X} + \delta E_{VOCs} + \zeta E_{PM} \tag{10-9}$$

式（10-9）中：E_{AP} 为大气污染当量；E_{SO_2} 为 SO_2 排放量；E_{NO_X} 为 NO_X 排放量；E_{VOCs} 为 VOCs 排放量；E_{PM} 为 PM 排放量；α、β、δ、ζ 分别为 SO_2、NO_X、VOCs 和 PM 的当量系数，分别为 1/0.95、1/0.95、1/0.95、1/2.18。

三　情景设置与描述

结合对唐山市交通发展趋势的预判，设计了基准情况（BAU）和绿色低碳情景（GLC），分析采用交通运输结构调整和燃料升级替代共计 10 项减排措施（见表 10-2）对全市交通领域未来 GHG 和大气污染物排放的影响，进而识别全市交通部门推动减污降碳协同增效的路径。

表 10-2 不同减排措施在各情景下应用情况

减排类别	减排措施名称	基准情况	绿色低碳情景
结构调整	提高公交出行比例（PTR）	保持基年水平	"十四五""十五五""十六五"期间分别提高 5、4、3 个百分点
	淘汰国 3 及以下车辆（ELI）		在 2030 年前淘汰完
	提高"公转铁"比例（RTR）		"十四五""十五五""十六五"期间均提高 5 个百分点
	提高"公转水"比例（RTW）		"十四五""十五五""十六五"期间均提高 3 个百分点
燃料升级	柴油货车改天然气（DTN）	保持基年水平	"十四五""十五五""十六五"期间分别提高 10、15、20 个百分点
	柴油货车改纯电（DTE）		"十四五""十五五""十六五"期间分别提高 10、15、20 个百分点
	公交车天然气改纯电（PNE）		"十四五""十五五""十六五"期间分别提高 5、10、15 个百分点

续表

减排类别	减排措施名称	基准情况	绿色低碳情景
燃料升级	出租车改纯电（TTE）	保持基年水平	"十四五""十五五""十六五"期间分别提高 5、10、15 个百分点
	私家车改纯电（PTE）		"十四五""十五五""十六五"期间分别提高 5、10、15 个百分点
	水运改纯电（STE）		"十四五""十五五""十六五"期间分别提高 1、3、5 个百分点

四 数据来源

唐山市交通工具保有量、客运周转量、货运周转量主要参考 2015 年至 2020 年《河北统计年鉴》和《唐山市统计年鉴》，全市载客营运车、私家车和载货汽车比例为 3.9∶84.0∶12.1，全市公路、铁路和水路货运周转量比例为 50.1∶35.2∶14.7，各类客运工具年行驶里程数以及货运工具基准年货物周转量如表 10-3 所示；各种交通工具的燃料类型和单位能耗主要通过现场调研或查阅文献获取；不同类型和排放标准车辆排放因子主要参考了《城市大气污染源排放清单编制技术及其应用》，表 10-4 展示了部分排放因子（因不同车型不同排放标准数据较多，未全部展示）；其他能源的碳排放因子参考《省级温室气体清单编制指南（试行）》中的直接和间接排放的排放因子。电力消费间接排放，根据中电联提供数据推算 2019 年全国单位发电量二氧化碳、烟尘、二氧化硫、氮氧化物排放分别约 417.3、0.027、0.135、0.141 g/（kW·h）。

活动水平和其他参数主要依据唐山市交通部门的历史趋势和近期出台的相关政策文件预测得到，包括《绿色交通"十四五"发展规划》《新能源汽车产业发展规划（2021—2035 年）》《汽车产业中长期发展规划》《唐山市综合交通运输发展"十四五"规划》《唐山市氢能产业发展规划（2021—2025)》等。交通工具单位能耗主要通过参考相关文献和实地调研获得。

表 10-3　唐山市各类客运工具年行驶里程数以及货运工具基准年货物周转量

机动车类型	年行驶里程/千米
微型客车-出租车	50 000
微型客车-社会车辆	22 000
小型客车-出租车	80 000
小型客车-社会车辆	18 000
中型客车-公交车	54 000
中型客车-社会车辆	32 000
大型客车-公交车	54 000
大型客车-社会车辆	62 000
摩托车	6 000
货运工具	货物转运量/（亿吨·千米）
微型货车	1
小型货车	419
中型货车	30
大型货车	680
低速货车	27
水运	338
铁路	812

表 10-4　不同排放标准车型排放因子

车辆类型	排放标准	SO_2	NO_X	VOCs	PM	CO_2
私家车-汽油	国 0	0.01	0.56	0.43	0.05	340.1
	国 1	0.01	0.56	0.43	0.03	340.1
	国 2	0.01	0.20	0.40	0.01	300.4
	国 3	0.01	0.06	0.12	0.01	269.5
	国 4	0.01	0.03	0.07	0	216.5
	国 5	0.01	0.02	0.07	0	216.5
	国 6	0.01	0.02	0.06	0	216.5
公交车-汽油	国 0	0.02	12.86	6.97	0.13	521.3
	国 1	0.02	6.43	6.51	0.06	521.3
	国 2	0.02	0.21	0.22	0.02	461.6
	国 3	0.02	0.11	0.11	0.01	419.7
	国 4	0.02	0.08	0.08	0.01	340.1
	国 5	0.02	0.05	0	0.01	340.1
	国 6	0.02	0.04	0	0.01	340.1
公交车-柴油	国 0	0.14	8.52	2.90	1.31	648.6
	国 1	0.14	7.02	1.88	0.99	648.6
	国 2	0.14	6.17	0.56	0.35	574.4
	国 3	0.14	4.15	0.48	0.33	522.2
	国 4	0.14	2.56	0.12	0.14	423.3
	国 5	0.14	1.49	0.12	0.08	423.3
	国 6	0.14	1.34	0.11	0.08	423.3

五　交通需求变化

（一）客运量变化趋势

根据调研，2019 年全市公共交通出行分担率约 60%，千人小汽车保有量约 240 辆，随着社会经济的进一步发展，客运需求将同步攀升，汽车保有量仍将保持一定增速势能，城市建成区的扩大也将进一步提升公交出行分担率。当前新能源汽车技术迭代迅速，产品市场吸引力提升，预计到 2035 年，新能源汽车数量相较 2019 年将增加 80%；公交车将达到 3000 辆、载客营运汽车将达到 100000 辆。在年均行驶里程方面，由于城市面积不会出现大幅变动，居民生活习惯不会出现骤变，各类载客工具年均行驶里程与基准年情况保持一致。

（二）货物周转量变化趋势

在高质量发展转型背景下，唐山市经济增速将逐渐放缓，产业结构将继续优化，由此必将带来货运周转量增速的减缓。参考历年唐山市货运周转量与 GDP 的变化情况，在 BAU 情景下，假设主要货运周转量参数变化如表 10-5 所示。

表 10-5　各类货运周转量变化参数

单位：%

时间段	公路货运周转量	铁路货运周转量	水路货运周转量
"十四五"	年均+4	年均+6	年均+2
"十五五"	年均+3	年均+4	年均+1
"十六五"	年均+2	年均+3	年均+0.8

第二节 结果分析

一 基准年排放情况

（一）HFCs 泄漏情况

经测算，2019 年全市汽车空调制冷剂 HFC-134a 泄漏量为 196.39 吨，换算成 CO_2 当量约为 28.08 万吨。从其排放工序组成（见图 10-2）来看，运行过程、维修过程和报废阶段的泄漏量占比分别为 50%、32% 和 18%，与 Xiang 等[①]测算结果较为接近。从其排放分车型组成（见图 10-3）来看，小汽车主导着汽车制冷剂泄漏情况，占比约 73%，货车排放量次之，占比约 19%。尽管客车保有量占全市汽车保有量不到 0.5%，但由于其制冷剂重装量大、泄漏因子高，其制冷剂泄漏量占比近 8%。

（二）交通部门 GHG 排放

2019 年，全市交通部门 GHG 排放量为 601.01 万吨，其组成情况如图 10-4 所示，其中汽车化石燃料消费产生 CO_2 排放量 542.36 万吨，汽车空调制冷剂泄漏引起的 GHG 排放量约占全市交通部门排放比例的 4.7%，仅次于小型客车、重型货车、轻型货车的排放量。从分车型排

---

① Xiang X. Y., Zhao X. C., Jiang P. N., Wang J., Gao D., Bai F. L., An M. D., Yi L. Y., Wu J., Hu J. X., "Scenario Analysis of Hydrofluorocarbons Emission Reduction in China's Mobile Air-Conditioning Sector." *Advances in Climate Change Research* 13 (4), 2022, pp. 578-586.

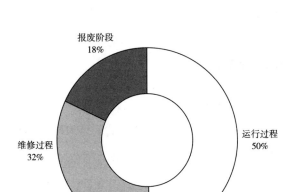

图 10-2　2019 年唐山市汽车 HFCs 排放工序组成

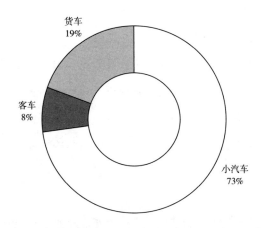

图 10-3　2019 年唐山市汽车 HFCs 排放分车型组成

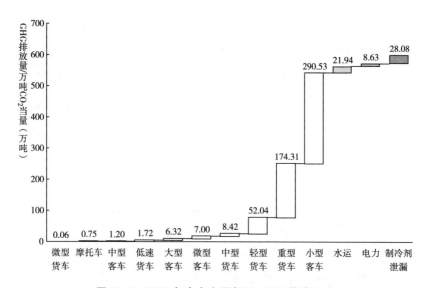

图 10-4 2019 年全市交通部门 GHG 排放组成

放组成来看，小型客车（包括公交车、私家车以及其他载客用途的小型车辆）碳排放量最大，高达 290.53 万吨；其次是重型货车，其碳排放量达到 174.31 万吨；轻型货车排放 52.04 万吨；水运排放近 21.94 万吨。交通部门电力消费产生的间接排放约 8.63 万吨，与中型货车排放量相当。

（三）交通部门大气污染物排放情况

2019 年，全市交通部门 SO_2、NO_X、VOCs 和 $PM_{2.5}$ 排放分别为 0.87 万吨、9.21 万吨、1.5 万吨和 0.36 万吨。从排放组成（见图 10-5）来看，SO_2 的排放主要来自水运，占比高达 80%。NO_X 的排放主要来自重型货车，占比约 74.6%，轻型货车排放居次位，占比约 13.7%。重型货车同样是 VOCs 的主要排放源，但占比刚超过 40%，小型客车和轻型货车排放占比分别为 26.7%和 22.0%。在 PM$_{2.5}$排放方面，重型货车占比超过 70%，轻型货车排放占比为 14.6%。除 SO$_2$ 外，交通部门大气污染物排放主要来自货车，且集中在重型货车和轻型货车。当前铁路电气化率高，内燃机运输相对占比较低，铁路运输产生的排放大多是消费电力而引起的间接排放，此处主要展示直接排放量分布情况故并未展示铁路运输排放分担情况。

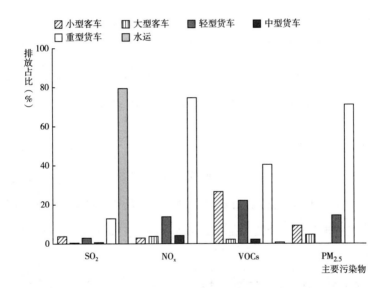

图 10-5　交通部门主要大气污染物排放分布情况

说明：排放占比过小的微型客车、中型客车、低速货车、摩托车等未放入图中。

二　GHG 排放变化趋势

全市交通部门能源消费产生的 GHG 排放量变化如图 10-6 所示。由

图 10-6 可以看出，在 GLC 情景下预期可在 2030 年达峰。随汽车保有量增加，预计 HFCs 泄漏引起的 GHG 排放占比上升至 7.6%。所有措施均能产生正向减排效果，淘汰老旧车辆碳减排潜力最佳，其次是私家车和货车改纯电。测算结果与黄莹等[①]研究结论较为接近，碳排放减排重点均在主要排放源上。公交车天然气改纯电减排量最小，一方面是由于其 GHG 排放量占比不到 5%，减排空间有限；另一方面是由于当前电力排放因子较高，替代天然气动力的减碳效果并不显著。

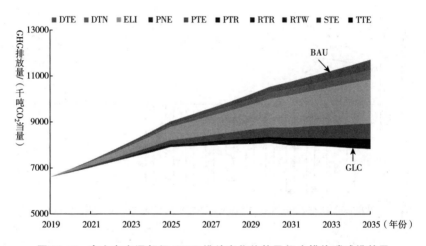

图 10-6 唐山市交通部门 GHG 排放变化趋势及相应措施碳减排效果

HFCs 泄漏引起的 GHG 排放与全市汽车保有量直接相关，淘汰国 3 及以下车辆在降低汽车保有量、助力营运过程 HFCs 泄漏减排的同时，

---

① 黄莹、郭洪旭、廖翠萍等：《基于 LEAP 模型的城市交通低碳发展路径研究：以广州市为例》，《气候变化研究进展》2019 年第 15 卷第 6 期，第 670~683 页。

将提升汽车报废过程 HFCs 的泄漏量，测算结果如图 10-7 所示。由图 10-7 可知，在 2030 年完成淘汰任务前，由于汽车报废过程 HFCs 泄漏量高于车辆减少带来的减排效应，整体呈现 HFCs 增排效果，年 CO_2 增排量预计为 2.71 万吨。2030 年后，外溢正效应开始显现，年减排 5200 吨左右。若能完善汽车报废过程中制冷剂回收手段，则可以在实施期内实现正向减排。

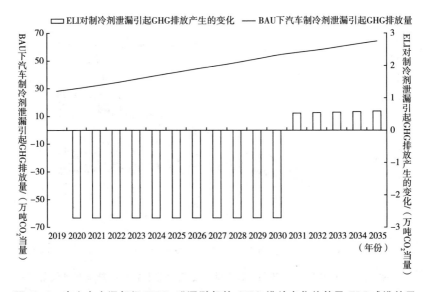

图 10-7 唐山市交通部门 HFCs 泄漏引起的 GHG 排放变化趋势及 ELI 减排效果

三 污染物排放变化趋势

全市交通部门 SO_2 排放量变化如图 10-8 所示。由图 10-8 可知，在 BAU 情景下，SO_2 排放量将持续攀升。水运主导着全市交通部门 SO_2 排放量，提高"公转水"比例将提高水运燃料消费和 SO_2 排放。水运改纯电运输将是核心减排手段，柴油货车改纯电和天然气同样可起到有效减排作用。除公交车天然气改纯电将引起 SO_2 间接增排外，其他措施均能产生减排效果，但不显著。在实施全部减排手段情况下，全市交通部门 SO_2 排放量预计在"十四五"期末达到峰值。

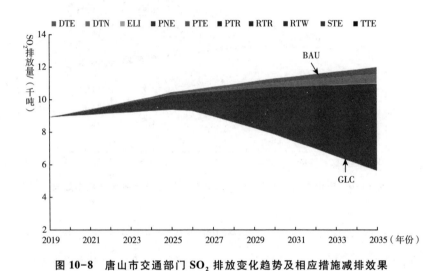

图 10-8 唐山市交通部门 SO_2 排放变化趋势及相应措施减排效果

全市交通部门 NO_x 排放量变化如图 10-9 所示。由图 10-9 可知，在 BAU 情景下 NO_x 排放量持续攀升。就各措施减排潜力而言，所有措施均能产生正向减排效果，淘汰国 3 及以下车辆减排潜力最好，在 2030 年预计将贡献约 3 万吨的 NO_x 减排量。其次是柴油货车改纯电和天然气、提高"公转铁"和"公转水"比例，NO_x 减排量都在 2000 吨以上。不难看出，由于货车特别是重型货车主导交通部门 NO_x 排放，提

高排放标准、降低货车交通运输需求以及进行燃料清洁升级替代的措施
减排效果较好。

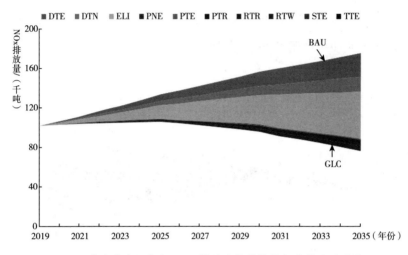

图 10-9　唐山市交通部门 NO$_x$ 排放变化趋势及相应措施减排效果

全市交通部门能源消费产生的 PM 排放量在 BAU 情景下将持续攀
升，在 GLC 情景下进入逐步下降阶段（见图 10-10）。各措施均能实现
正向减排效果，PM 减排潜力最好的措施是淘汰国 3 及以下车辆，货车
改纯电与改天然气减排效果较为接近。其他如私家车改纯电、提高
"公转铁"和"公转水"比例同样可产生明显效果。由于出租车电动化
比例已处于较高水平，继续推动出租车改纯电措施减排效果不显著。

在 BAU 情景下，全市交通部门能源消费产生的 VOCs 排放量预计
在"十五五"前期达到峰值。如图 10-11 所示，各措施除货车改天然
气引起 VOCs 排放增加外，均能产生正向减排效果。由于老旧车辆排放

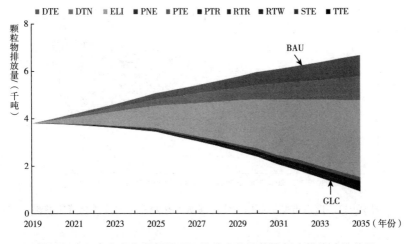

图 10-10 唐山市交通部门 PM 排放变化趋势及相应措施减排效果

系数高，淘汰国 3 及以下车辆措施将产生最为显著的 VOCs 减排效果，在 2030 年预计将贡献约 9440 吨的 VOCs 减排量。其次是货车改纯电，减排潜力在 1000 吨以上。

与同类研究文献相比，除对汽车空调制冷剂泄漏影响讨论较少、缺乏对比基线外，各类措施对 CO_2 和各主要污染物减排的分析结果较为接近。部分文献由于研究时间背景跨度较大，近年来相关排放系数大幅下降，导致与本章内容部分结果有较大区别。例如，高玉冰等[①]在乌鲁木齐的案例研究中，以"十二五"前期的汽车排放标准和电力排放数据为基础，分析推断交通工具升级为电力和天然气动力将导致 NO_x 和

---

① 高玉冰、毛显强、Gabriel Corsetti、魏毅:《城市交通大气污染物与温室气体协同控制效应评价——以乌鲁木齐市为例》,《中国环境科学》2014 年第 34 卷第 11 期，第 2985~2992 页。

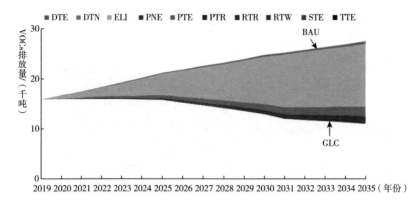

图 10-11　唐山市交通部门 VOCs 排放变化趋势及相应措施减排效果

PM 增排，但本研究采用的 2019 年电网排放因子和汽车的国 6 排放标准较电网排放因子和汽车排放水平"十二五"前期降幅显著，则得出与其完全相反的结论。

四　唐山市交通领域协同减排情况分析

各措施减排协同度测算结果如表 10-6 所示，在 SO_2 与 CO_2 减排方面，柴油货车改纯电或天然气，提高"公转铁"比例可实现优质协同；尽管水运改纯电 SO_2 减排量最大，但其碳排放量削减幅度较小，几乎不具备协同减排效应；公交车天然气改纯电和提高"公转水"比例由于引起 SO_2 排放增加无法实现协同减排，其他措施减排协同度处于较差水平。在 NO_x 与 CO_2 减排方面，淘汰国 3 及以下车辆在实现 NO_x 最大减排幅度的同时可实现优质协同，柴油货车改天然气和提高"公转水"比例处于良好协同状态。在 PM 与 CO_2 减排方面，尽管水运改纯电的减排协同度最好，但其绝对削减量均较小；柴油货车改纯电、淘汰国3及以下车辆、私家车改纯电、提高"公转铁"和"公转水"比例均处于中级协同水平。在 VOCs 与 CO_2 减排方面，私家车改纯电和提高公交车出行比例可达到优质协同，私家车改纯电绝对减排量更高。综合局地大气污染物与 CO_2 减排来看，淘汰国3及以下车辆和柴油货车改天然气可达优质协同，提高"公转水"比例的综合协同度要优于提高"公转铁"。但柴油货车改天然气和提高"公转水"比例在单一污染物与 CO_2 减排方面存在不协同情况，但需要配合其他协同度较好措施同步实行，以对冲其不协同情况。高玉冰等[1]在其研究中指出淘汰老旧车辆和调整交通运输结构具有良好协同减排效果，也有研究表明淘汰老旧车辆和推动交通运输工具新能源升级协同减排潜力良好，与本章内容的结论基本一致。

表 10-6　各措施减排协同度

情景	SNI_{SO_2/CO_2eq}	SNI_{NO_X/CO_2eq}	SNI_{PM/CO_2eq}	SNI_{VOCs/CO_2eq}	SNI_{AP_{eq}/CO_2eq}
DTE	+++++	+++	+++	++++	+++
DTN	+++++	++++	++	—	+++++
ELI	O	+++++	+++	+++	+++++
PNE	—	+	O	+	+
PTE	O	O	+++	+++++	++

<hr/>

① 高玉冰、毛显强、Gabriel Corsetti、魏毅：《城市交通大气污染物与温室气体协同控制效应评价——以乌鲁木齐市为例》，《中国环境科学》2014年第34卷第11期，第2985~2992页。

续表

情景	$SNI_{SO_2/CO_2^{eq}}$	$SNI_{NO_X/CO_2^{eq}}$	$SNI_{PM/CO_2^{eq}}$	$SNI_{VOCs/CO_2^{eq}}$	$SNI_{AP_{eq}/CO_2^{eq}}$
PTR	O	O	+	+++++	O
RTR	+++++	+++	+++	++++	+++
RTW	—	++++	+++	++++	++++
STE	O	O	+++++	O	O
TTE	O	O	O	O	O

第三节　结论

第一，汽车制冷剂泄漏引起的温室效应占交通 GHG 排放比例约为 4.7%（50% 来自汽车运行过程），且占比预期提升，是城市交通部门控制 GHG 排放工作中不可忽视的一部分。需要关注汽车空调制冷剂泄漏引起的 GHG 排放情况，部署制冷剂低温升潜势制冷替代、汽车维修和报废过程中制冷剂回收利用工作。

第二，淘汰国 3 及以下车辆绝对减排量大、协同度好（综合协同度能达到 0.92），是理想的减排手段，仍需优先推进；另外，尽管其在实施期内可能引起制冷剂泄漏量增加，但其整体仍能实现协同减排。柴油货车改纯电和提高"公转铁"比例同样是较理想的减排手段，柴油货车改天然气和提高"公转水"比例综合减排协同度好，但其在单一大气污染物与 GHG 减排方面存在负向协同，需要配合其他减排措施同步推行。

第三，采用协同度评价标准能有效区分不同措施的协同减排力度，有助于设计不同污染物与 GHG 优质协同减排的政策组合，避免过度倚重单一政策而出现特定污染物或是 GHG 排放增加的情况。

第十一章　减污降碳视角下推动绿电消费的政策与实践

　　"绿电"是绿色电力的简称，泛指可再生能源发电项目所产生的电力，是生产过程中不直接产生污染物和二氧化碳排放的电力。本研究中绿电消费场景包含自发自用、绿电交易、绿证交易、温室气体自愿减排交易等，所指的消费主要是针对实物量的绿电消费。推动绿电消费是减污降碳协同增效的重要突破口，也是提高企业竞争力的有效手段。

（一）研究背景

　　《减污降碳协同增效实施方案》强调"要统筹能源安全和绿色低碳发展，推动能源供给体系清洁化低碳化和终端能源消费电气化""实施可再生能源替代行动""不断提高非化石能源消费比重"。[①] 2022 年 1 月，国家发展改革委、国家统计局、生态环境部印发的《促进绿色消费实施方案》要求进一步激发绿色电力消费潜力，加快健全法律制度，

────────

[①]　《减污降碳协同增效实施方案》，http://www.mee.gov.cn/xxgk2018/xxgk/xxgk03/202206/t20220617_985879.html，最后访问日期：2023 年 3 月 1 日。

优化完善标准认证体系，探索建立统计评价体系，推动建立绿色消费信息平台。① 可以说，提升绿电消费水平是吸引外商投资、推动减污降碳协同方案落地、促进绿色消费的重要手段。

绿电消费具有推动减污降碳协同增效的巨大潜力。绿电来自可再生能源，相比传统化石能源电力，绿电在发电期具有零碳排放和零污染物排放的环境属性，是减污降碳协同增效的有力体现。② 工业企业是直接碳排放和主要大气污染物排放的重要来源③，随着技术和工程减排边际效益降低，在工业部门电气化水平日益提升背景下，通过绿电替代传统化石能源电力，对于工业部门减污降碳协同增效越发重要。据某电子设备制造商测算，其电力使用的碳排放占产品全生命周期碳足迹的近一半。

推动绿电消费是应对国际形势的有效手段。发达国家正在通过碳足迹间接扩大绿电消费需求。欧盟碳边境调节机制（CBAM）提出在进口商碳排放报告中有条件认可绿电。④《欧盟电池与废电池法规》提出将在 2028 年 2 月设置产品碳足迹最大限值，超过最大限值的电池产品不能在欧洲市场销售。⑤ 通过绿电消费可有效缓解国际碳贸易壁垒，提高

---

① 《促进绿色消费实施方案》，https：//www.ndrc.gov.cn/xwdt/tzgg/202201/t20220121_1312525.html，最后访问日期：2023 年 3 月 1 日。

② 王圣、庄柯、徐静馨：《全球绿色电力及我国电力低碳发展分析》，《环境保护》2022 年第 50 卷第 19 期，第 37~41 页。

③ 《中国分部门核算碳排放清单 1997—2019》，https：//www.ceads.net.cn/data/nation/，最后访问日期：2023 年 3 月 1 日。

④ 张金梦：《欧盟碳关税倒逼中企加速绿色转型》，《中国能源报》2022 年 6 月 27 日，第 11 版。

⑤ 卢奇秀：《动力电池产业加快提升碳竞争力》，《中国能源报》2023 年 6 月 19 日，第 3 版。

企业竞争力。

（二）研究目标

在推进降碳、减污、扩绿、增长的背景下，本研究以国内外推动绿电消费的政策分析为基础，梳理总结园区及企业推动绿电消费的良好实践，进一步凸显绿电消费在减污降碳协同增效工作中的作用，并结合具体问题提出政策建议。

（三）研究方法

本研究采用专家咨询、现场走访及座谈交流研讨等方法，先后对广东省深圳市、浙江省、山西省、云南省、内蒙古自治区等东部、中部、西部10余个工业园区和典型企业的绿电消费情况进行实地调研，同汽车和电子产品等供应链龙头企业进行座谈交流，与来自电力交易中心、科研机构和高校等20余位专家代表进行现场咨询，梳理总结大型企业供应链、外向型园区以及高耗能企业在推动绿电消费过程中的良好实践及问题挑战。

第一节　减污降碳视角下推动绿电消费的政策分析

国外鼓励绿电消费的政策起步较早，已形成稳定运行的绿电交易市场。我国自2021年绿电交易试点启动以来，政策机制不断完善。但在政策落地过程中也面临着一些共性问题。

（一）国际政策

随着全球对清洁低碳发展的越发重视，可再生能源消费目标成为有力抓手。为鼓励绿电消费，美国、欧盟等建立了覆盖全域的绿电交易市场。

一是积极设定可再生能源目标。全球很多地区积极设定可再生能源目标并根据自身发展情况逐步更新，力争早日实现可再生能源的大规模使用。在欧洲，尽管部分国家重启煤电，但这些国家也在同步扩大可再生能源的"版图"，而如何更好地消纳绿电也成为电网升级的重点之一。东南亚各国清洁能源资源丰富，为实施能源发展清洁转型，在东盟和各国层面都制定了可再生能源发展目标。日本和韩国则以海上风电为主，大力推广可再生能源。在美洲，美国逐步增加光伏装机比例，力争实现"全国近半数电力装机来自太阳能"的目标，加拿大也在《清洁电力条例》中明确，到2035年将实现电网净零排放新目标。

二是有效运行绿电交易市场。全球主要国家促进绿电消费的发展，基本经历了财政补贴到配额制，再到市场化交易的过程，最终大多以"强制配额+自愿交易"叠加的方式共同推动绿电发展。两个市场既可相互关联，也可独立运行，市场结构明确，交易模式灵活多样，强制配额有立法保障。同时，市场设计了合适的惩罚机制及追踪机制，罚金所得用于投资新的可再生能源项目，追踪系统则用以保证绿电产品所有权的清晰和唯一。最后，多样化的绿电供应和采购渠道进一步扩大了绿电市场，满足了各种消费者的不同需求。比如电力中长期交易（Power Purchase Agreement，PPA）等采购方式，通过提前切入帮助企业立项融资，有助于企业在一定时期内锁定电力价格，有效激发企业自愿新建项目。

美国通过各州政府推动绿电交易市场运行，强制市场与自愿交易并存、采购方式灵活多样。美国的绿色电力市场兴起于20世纪90年代，历经了 20 余年的探索与实践，通过各州政府的推动及各类市场主体的积极参与，已形成了强制性配额（Renewable Portfolio Standard，RPS）与自愿交易并存的市场格局。但并未形成全国统一的电力市场，因此各州之间市场规则各有异同。配额制绿电市场，州级配额制要求电力供应商的绿电供应量在规定期限内必须达到一定比例，不能按时履约的责任主体则会受到相应的惩罚。履约方式主要包括自建可再生能源发电项目、提前签订 PPA 或购买可再生能源证书（Renewable Energy Certificate，REC）。自愿交易市场则为有意愿的消费者提供灵活多样的采购渠道，包括虚拟 PPA、售电公司绿色电价套餐、竞争性可再生能源供应商计划等方式。此外，市场长期运行过程中，交易主体之间也逐渐形成一定体系，一些企业或非政府机构也在积极组织各类主体参与绿电交易，包括绿色电力伙伴项目（GPP）、可再生能源买家联盟（REBA）和 100% 可再生能源电力项目（RE100）等。

欧盟实行多种经济政策工具促进绿电交易，以统一机构管理运行。目前，欧洲以欧盟为主形成绿证自愿交易市场，各国亦有自主制定的配额、电价或溢价政策，基本相互独立运行。欧洲绿证政策于 2002 年开始实施，称为来源担保证证书（GO，Guarantee of Origin）。[1] 为保证 GO 证书的唯一性和标准化，欧盟对绿证交易配套严格的登记认证及注销流程。GO 证书的签发必须通过"欧洲能源证书系统"（EECS，European Energy Certificate System）的认证，且各成员国必须在签发机构协会

---

① 每 1000 千瓦时的绿电对应一个 GO 电子凭证，其中绿电范围包含光伏、风电、水电、核电、生物质发电以及少量热电联产发电。但不包括各国已获得固定电价（FIT）或溢价（FIP）政策支持的电量。

（AIB，Association of Issuing Bodies）进行注册。《欧盟可再生能源指令（RED）》要求各成员国建立自己的 GO 登记管理机构，负责证书的登记、转让和注销；对于跨国交易则由 AIB 负责。统一的认证标准和管理机构保障了 GO 的可溯源性和唯一性。

（二）国内政策

通过对国内绿电制度发展历程、交易试点运行情况、地方认可机制创新和促进供需范围等政策进行梳理分析，结合国际经验和调研情况，识别推动绿电消费过程中存在的问题，为良好实践筛选和政策建议奠定基础。

一是将绿电作为大力发展可再生能源的政策工具。为大力发展可再生能源，2017 年我国试行绿证核发和自愿认购制度，国家对享受补贴的陆上风电和集中式光伏发电项目上网电量核发绿证，明确用户可通过购买绿证作为消费绿电的凭证。2020 年起实施可再生能源电力消纳保障机制，明确各承担消纳责任的市场主体可通过购买绿证完成消纳责任权重。2021 年正式启动绿电交易试点，绿电交易常态化开展。2022 年明确可再生能源消费不纳入能源消耗总量和强度控制，绿电消费政策体系更加完善。2023 年中国绿证结束"试运行"状态，进入全品种、全量覆盖的新时期。[①] 对全国风电（含分散式风电和海上风电）、太阳能发电（含分布式光伏发电和光热发电）、常规水电、生物质发电、地热能发电、海洋能发电等已建档立卡的可再生能源发电项目所生产的全部

---

① 《关于做好可再生能源绿色电力证书全覆盖工作　促进可再生能源电力消费的通知》，https://www.ndrc.gov.cn/xxgk/zcfb/tz/202308/t20230803_1359092.html，最后访问日期：2023 年 8 月 5 日。

电量核发绿证，实现绿证核发全覆盖。

二是常态化运行绿电交易市场。2021 年 9 月，国家发展改革委、国家能源局正式批复了《绿色电力交易试点工作方案》，拉开了中国绿色电力交易的大幕。2021 年 9 月 7 日，我国正式启动绿色电力交易试点，来自全国 17 个省份的 259 家市场主体，以线上、线下方式完成了 79.35 亿千瓦时绿色电力交易，成交电价比当地电力中长期交易价格高 0.03 元/千瓦时～0.05 元/千瓦时。[①] 2022 年 1 月和 5 月，广州电力交易中心和北京电力交易中心分别发布了《绿色电力交易实施细则》，对绿电交易的组织、价格、结算、绿证划转等方式和流程进行了细化，为绿电交易常态化、区域间开展提供支持。

三是逐步探索绿电环境属性认可规则。为进一步促进绿电消费，体现绿电环境价值，地方层面探索在碳市场中认可绿电零碳属性。2023 年 3 月起，天津、北京、上海陆续推出重点排放企业外购绿电零排放的规定。天津要求重点排放单位直接填报 "2022 年度绿电扣除申请表"，北京将 "重点碳排放单位通过市场化手段购买使用的绿电碳排放量核算为零"，上海规定 "通过北京电力交易中心绿色电力交易平台以省间交易方式购买并实际执行、结算的电量排放因子调整为 $0tCO_2/10^4kWh$"，这些政策充分反映了在不同市场中绿电环境价值的互认和零碳属性，虽然政策中未明确规避重复计算的规则，但在一定程度上可以起到促进区域碳减排的作用。

---

① 《我国绿色电力交易试点正式启动——绿电消费有了 "中国方案"》，https://www.gov.cn/xinwen/2021-09/09/content_5636363.htm，最后访问日期：2023 年 4 月 4 日。

　　四是逐步拓展绿电消费需求和范围。2022 年初，国家发展改革委等 7 部委联合印发《促进绿色消费实施方案》，提出"到 2025 年，高耗能企业电力消费中绿色电力占比不低于 30%，对消费绿电比例较高用户在实施需求侧管理时优先保障"。8 月，国家发展改革委联合国家统计局、国家能源局发文提出"'十四五'期间每年较上一年新增的可再生能源电力消费量，在全国和地方能源消费总量考核时予以扣除"。工业和信息化部等 7 部门也在信息通信行业绿色低碳发展规划中提出要"推动加大绿电供给，研究企业绿色能源使用量与碳排放量间的扣减办法"。目前绿电交易在电力市场交易电量中所占比例仍然不大。中国电力企业联合会数据显示，2022 年全国绿色电力省内交易量为 227.8 亿千瓦时，仅占全国各电力交易中心累计组织完成市场交易量的 0.43%。[①] 2023 年 2 月，国家能源局、财政部、国家发展改革委印发《关于享受中央政府补贴的绿电项目参与绿电交易有关事项的通知》，提出"由国家保障性收购的绿色电力可统一参加绿电交易或绿证交易"，进一步扩大了绿电交易产品范围。2024 年 2 月 2 日，国家发展改革委、国家统计局、国家能源局印发《关于加强绿色电力证书与节能降碳政策衔接大力促进非化石能源消费的通知》，将绿证交易电量纳入节能评价考核指标核算，明确绿证交易电量的扣除方式，进一步加强政策衔接，激发绿证需求潜力。

----

① 《2022 年 1—12 月份全国电力市场交易简况》，https：//cec.org.cn/detail/index. html? 3-317500，最后访问日期：2023 年 4 月 4 日。

第二节 减污降碳背景下推动绿电消费的良好实践

受国内"双碳"目标和欧盟碳关税政策落地等国际因素叠加影响，重点企业、园区对绿电消费的需求日益迫切。越来越多的大型企业制定100%使用可再生能源的目标，并要求供应商使用绿电。数据显示我国绿电交易规模大幅提升。2023 年 8 月，北京、广州电力交易中心发布了 2023 年上半年电力市场交易信息。上半年国家电网和南方电网经营区分别完成绿电交易 389 亿千瓦时和 56.7 亿千瓦时，均提前超额完成了年度目标。[1] 自 2021 年 9 月试点交易启动以来，截至 2023 年 7 月底，国网经营区内 3.4 万余家市场交易主体累计完成绿电交易 648.64 亿千瓦时，成交均价为 0.429 元/kWh。[2]

根据调研，现有良好实践大致可分为三种类型。一是供应链驱动型。在总部或出口国清洁电力使用的要求下，作为供应链龙头的大型企业有意愿使用绿电，也具备人才、资金、管理等优势，有能力带动全链条绿电消费。大型企业将绿电使用要求纳入供应商准则中，为供应商提供绿电项目资源，帮助供应商进行相关能力建设，通过供应链驱动上游企业使用绿电。二是服务驱动型。作为开展工业生产活动重要载体的外向型园区，园区运营者为提高招商引资水平，以国际化视野为企业提供

---

[1] 刘丽、黄霞：《充分发挥 绿电环境价值作用》，《中国电力报》2023 年 8 月 15 日，第 4 版。

[2] 《e-交易 APP 绿电交易专区公布数据》，https://pmos.sgcc.com.cn/pmos/index/login.jsp#/outNet，最后访问日期：2023 年 7 月 31 日。

配套服务。为满足国际客户需求，园区运营方统一为企业采购绿电，协同各部门成立联络站为企业提供一站式服务。三是竞争力驱动型。高耗能企业作为耗能大户和支撑国民经济发展的重要支柱，为提升品牌形象，增强产品竞争力，将绿电消费作为减污降碳的重要抓手，优化设计布局，积极投建绿电项目，参与绿电交易。

（一）大型企业以供应链为抓手促进全链条绿电消费

大型企业作为供应链龙头，对于推动全链条企业绿电消费具有较强的引领和促进作用，是推动全链条碳减排及污染物减排的先锋。在提升品牌形象、积极承担社会责任等因素共同驱使下，大型企业以供应链为抓手积极促进全链条绿电消费，在提升供应链全链条绿电消费方面主要做法如下。

一是积极设定供应链碳减排目标，明确要求供应商使用绿电。例如根据调研，某汽车制造企业提出，2030 年全生命周期单车碳排放减少40%及以上，并与供应商签订合作协议，明确要求在生产该品牌产品时使用绿电。某电子设备品牌商目标是到 2030 年实现整体碳中和，整个产品价值链转用 100%清洁电力，并得到超过 250 家供应商响应支持，覆盖85%以上的价值链电力排放。自2015 年起企业营收增长超过68%，但总碳排放量却减少了45%以上，仅 2022 年通过清洁电力使用供应商实现碳减排 1740 万吨。

二是加强供应商能力建设，采用培训或研讨的形式，持续分享国内外绿电政策及应用案例。例如某汽车制造企业深度调研绿电政策，发布绿色能源应用指导手册。某电子设备品牌商通过清洁能源项目向供应商提供免费的学习资源和直播培训，包括相应地区的绿电资源和政策信息。

三是规范供应商管理制度，帮助供应商制订减排计划。例如某电脑品牌商要求主要供应商 2023 年开始公开报告碳排放总额，2024 年底前通过科学碳目标（SBTi）认证评估。某电子设备品牌商自 2019 年起即要求供应商定期确定排放源，并将其纳入了《供应商行为准则》测算范围 1、2 碳排放，并基于此帮助供应商制订行动计划实现脱碳。

四是共同开发合作项目，通过绿色投资、咨询服务等形式挖掘并支撑供应链企业绿电购买需求，向其提供绿电项目资源、资金和技术支持。例如某电子设备品牌商自 2018 年起便启动中国清洁能源基金项目，并通过发放绿色债券获得收益，支撑品牌商及供应商在中国投资建设逾 1000 兆瓦可再生能源项目，提供大规模绿电资源。

（二）外向型园区积极探索推动绿电消费路径

园区是开展工业生产活动的重要载体，是工业领域推动减污降碳协同增效的主战场。研究发现外向型园区为满足国际客户的清洁能源使用及低碳产品要求，以及园区自身的可持续发展目标，园区及企业均对绿电消费有非常积极的态度，部分园区运营方还将绿电项目建设及规划情况作为招商引资的重要宣传点，在积极探索推动绿电消费方面具体做法如下。

一是自建可再生能源项目，利用园区场地创造应用场景，通过"源网荷储"一体化推动绿电消纳。例如杭州市某园区利用屋顶超过 8000 平方米闲置面积建成 544 千瓦的屋顶光伏，同时通过光伏+储能电池的模式实现能源的自给自足。嘉兴市某示范园区依托"大电源、大负荷"特点，以源网荷储协调控制系统推动绿电消纳。

二是以低碳发展为引领，积极参与绿电交易，由园区运营方统一购买绿电/绿证。例如杭州市某园区运营方统一与国网杭州市余杭区供电公司签订了长期售电协议，2022 年第四季度累计购买 60 万度绿电，大幅降低园区温室气体及大气污染物排放。

三是跨部门协同，由供电公司成立工业社区能源联络站，通过中小企业团购会等活动共同探索多方合作渠道。例如宁波市某工业社区通过能源联络站组织电力市场化交易培训，分享交易要点、对接绿电项目资源。能源联络站提供"绿电金融、绿电服务、绿电改造、绿电监测、绿电产业、绿电交易"服务方案。2022 年园区绿电交易电量 4000 余万度，以减少燃煤发电带来的温室气体及大气污染物排放。

（三）高耗能企业立足可持续发展不断提升绿电消费比重

高耗能企业是耗能大户，也是支撑国民经济发展的重要支柱。在《促进绿色消费实施方案》等政策以及自身可持续发展需求推动下，高耗能企业将绿电消费作为低碳转型、高质量发展的重要抓手。本研究对电解铝、化工两家行业内龙头企业开展了实地调研和座谈，总结其提升绿电消费比重的主要做法如下。

一是落实可持续发展理念，设定严格的气候目标。根据调研，某化工企业早在 20 世纪便将可持续发展写入企业宗旨中，并于 2008 年开始逐年披露其碳排放足迹。2021 年，该化工企业宣布，到 2030 年，温室气体排放量比 2018 年减少 25%，比 1990 年减少约 60%，此目标已超过欧盟"减排 55%"（fit for 55）的目标。

二是积极投资建设可再生能源项目，签订国内中长期购电协议、购买国际绿证等，扩大绿电供给。某化工企业一方面投资建设海上风电等可再生能源项目，另一方面积极参与各地绿电交易市场，通过签署中长期购电协议及直接购买绿证的方式提高绿电消费比例。某制铝企业与国电投云南国际等通力合作，由发电企业投资，大力推进分布式光伏、新能源运输车辆替代等新能源项目建设。

三是切实履行企业社会责任，面向下属公司组织开展培训，制定行业规范，引领行业绿色发展。某制铝企业率先在国内铝行业开发建设了"LCA 产品全生命周期评价体系"。组织开展"双碳"主题等多项培训，提升下属企业碳排放管理能力。制定行业规范，引领行业绿色发展。实施"绿色铝材一体化"发展战略，持续提升全产业链绿色用能。据企业测算数据，与煤电铝相比，绿色铝碳排放量仅占 20%，污染物排放量也大幅降低，大幅提升了产品在国际市场上的竞争力。

第三节　当前国内推动绿电消费面临的问题挑战

绿电消费是推进减污降碳协同工作的有力抓手，尽管在国内外双重因素驱动下，我国绿电市场有了较快的发展，但仍未有效发挥绿电减污降碳协同增效的作用。主要包括如下问题。

（一）绿电资源富集地区"惜售"

在现行可再生能源电力消纳责任权重分配机制下，新能源资源禀赋好、装机占比高的地区，尽管绿电资源丰富，但其消纳责任权重指标高。这些地区为完成可再生能源消纳任务，"惜售"现象日益显现。而资源匮乏地区无法获得绿电足量供给。受自身资源禀赋不足及跨区域交易困难等因素影响，这些区域无法为绿电需求较大的企业提供足够的绿电供给。

（二）绿电市场机制设计存在不统一不规范问题

一是自绿电交易试点启动以来，相关政策频繁出台，但对于环境溢价的定价机制尚未明确、各省份绿电交易潜力不清，难以预期中长期绿电交易价格，跨省份交易的供需情况难以统筹。二是各省份绿电交易规则差异明显，给供应链龙头企业管理不同区域的供应商增加了审计的难度以及沟通成本，降低了供应商购买绿电的意愿。三是因缺乏统一公开的追踪溯源机制，企业无法将所用绿电匹配至单个生产线或个别产品，无法满足国际客户对其绿电消费认可的要求。

（三）"电-碳"市场项目交叉，国际认可度不足

目前国内体制下，发电企业可同时获取部分项目绿色电力证书及中国核证自愿减排量（CCER）带来的双重激励，但实际减排量不变，不利于全国一盘棋共同推动"双碳"目标的实现。由于国际上尚未有效区分绿电的环境属性是否已纳入区域电网平均碳排放因子，因而可能存在环境属性重复计算等问题。例如100%可再生能源电力项目（RE100）对中国绿证仅做有条件认可。

（四）国内绿电消费有效性需求不高

可再生能源消纳要求集中在发电侧，对用户侧没有强制配额的硬性要求，可再生能源消纳指标并未分解落实到电力需求用户，企业缺乏购买绿电绿证的压力和动力。此外，在调研中我们发现部分园区及企业管理者对绿电与低碳转型的关系认识不清，内生动力不够，虽然表示有绿电消费需求，但在实际面对绿电的环境溢价时，几乎没有额外支付溢价的意愿，绿电消费有效性需求大打折扣。

第四节　减污降碳背景下推动绿电消费的政策建议

基于前期的政策梳理、实地调研发现的问题与需求，建议在制度及机制设计等方面持续完善，统筹融合"电-碳"市场，共同应对国际挑战，并在搭建信息平台等方面提升绿电认可度。

（一）完善可再生能源消纳责任权重制度设计

建议各省将可再生能源消纳责任权重指标依法依规落实到用能主体，突出高耗能企业绿色消费责任。一方面缓解省内因指标压力造成的"惜售"问题，提高省内交易的活力，另一方面激发用能主体的有效需求，将消纳责任落实到绿色消费主体。

（二）完善绿电市场机制设计，打通省际交易障碍

借助现有平台，有关部门牵头形成全国统一的交易机制、规则，以及一系列认证、流通体系，实现用户注册、证电数据、监管审核、交易核发一体化，探索推行绿证核销机制，提升绿电交易市场的长期性、稳定性和灵活性，有效促进跨省交易的具体实施。以绿证为基本凭证，借助物联网技术进一步完善在消费侧的追踪机制，落实责任主体，加强认证监督，满足可溯源、不重复计算的原则。

（三）统筹融合"电-碳"市场，共同应对国际挑战

建议相关部门加强沟通，形成政策合力。欧盟碳边境调节机制（CBAM）明确规定，计算电力出口国的电网排放强度时，必须排除直购电量，即在保证绿电环境完整性、避免重复计算的前提下，有条件地承认绿电的减排效果。建议相关部门牵头，逐步加强"电-碳"市场信

息互通、数据共享。在保障环境属性唯一、方法学规范的基础上争取国际市场对中国绿电环境属性的认可。另外，建议在已发布的两项绿电范畴的方法学的基础上，尽快制定、发布覆盖生物质发电、地热能发电、海洋能发电等绿电范畴的温室气体自愿减排项目方法学，扩大市场规模。

（四）积极引导，提升绿电消费意识

建议搭建信息平台，多渠道提升绿电消费意识。一是公开平台共享政策信息。二是借助公开平台强化政策引导，通过培训、考核、座谈等方式提升企业绿色低碳意识，激发绿电消费潜力，比如正确传播绿电与能耗"双控"、碳市场、可再生能源电力消纳责任权重、减污降碳协同增效工作等之间的关系，明确绿证作为可再生能源消费量认定的基本凭证、绿电环境价值的唯一凭证的作用。三是鼓励龙头企业发挥模范带头作用。鼓励、支持行业领先企业、国有企业等主动参与绿电交易，发挥模范带头作用，加快我国企业绿色能源消费与低碳转型发展。同时，拓宽信息沟通渠道，及时收集、解决企业绿电交易过程中存在的普遍性问题。制定并完善绿色电力消费激励政策体系。考虑将绿电消费与产品碳足迹核算相关联，适时将绿电消费纳入政府绿色采购标准及近零碳试点示范创建等评价指标中，鼓励金融机构开发支持绿电消费的气候投融资模式和产品。

第十二章　共建"一带一路"国家减污降碳协同变化趋势分析

　　2023 年是我国建设"丝绸之路经济带"和"21 世纪海上丝绸之路"（以下简称"一带一路"）合作倡议提出十周年。截至 2023 年 9 月，共建"一带一路"国家已有 152 个[①]，涉及亚洲 40 国、非洲 52 国、欧洲 27 国、北美洲 13 国、南美洲 9 国、大洋洲 11 国，聚集了全球超过 65% 的人口和 27% 的国内生产总值（GDP），排放了全球约 30% 的二氧化碳（CO_2）。[②] 大部分共建"一带一路"国家为新兴经济体，正处于城镇化加速发展阶段。如何认识和分析共建"一带一路"国家绿色发展的现状与趋势，经济、社会、政策与环境之间的关系，以及其影响因素和内在机制，更加高效、可持续地促进共建"一带一路"国家绿色发展，携手打造"绿色丝绸之路"，是我国面

临的重大课题。为此,我们拟开展共建"一带一路"国家减污降碳协同变化趋势分析。

绿色正在成为共建"一带一路"的鲜明底色,推动减污降碳协同增效在内的共建"一带一路"绿色发展成为关注的焦点。为加快共建"一带一路"绿色发展步伐,我国不断加强顶层设计。2023 年 10 月,第三届"一带一路"国际合作高峰论坛宣布,支持高质量共建"一带一路"八项行动,"促进绿色发展"是其中一项。2021 年《中共中央国务院关于完整准确全面贯彻新发展理念做好碳达峰碳中和工作的意见》指出,要提高对外开放绿色低碳发展水平、推进绿色"一带一路"建设、共同构建人类命运共同体。党的二十大报告指出,推动共建"一带一路"高质量发展。我国先后发布《关于推进绿色"一带一路"建设的指导意见》《关于推进共建"一带一路"绿色发展的意见》等政策性指导文件,明确了绿色"一带一路"建设总体思路、具体规划目标和重点任务,也提出了当前和今后一段时期推进绿色"一带一路"建设的时间表和路线图。

共建绿色"一带一路"越来越成为学者研究的热点。现有研究涵盖了共建"一带一路"国家的宏观战略政策及定性评价、绿色发展水平、影响因素、发展机制等方面。例如,柴麒敏等[1]在宏观战略性方面提出了推动共建"一带一路"国家建设低碳共同体的战略建议,

---

① 柴麒敏、祁悦、傅莎:《推动"一带一路"沿线国家共建低碳共同体》,《中国发展观察》2017 年第 Z2 期,第 35~40 页。

赵春明[1]定性识别了"一带一路"倡议实施过程中绿色产业发展的重点领域、主要路径，并从绿色标准、财务政策、金融政策、低碳技术国际合作等方面提出了发展绿色产业的政策措施。傅京燕和司秀梅[2]采用普通回归和分位数回归等方法分析了 1992~2011 年 50 个共建"一带一路"国家碳排放的驱动因素，评价了人口、人口城市化水平、工业产值占比、非可再生能源占比和人均 GDP 等对减排贡献的作用与潜力。方恺等[3]基于 2005~2015 年沿线地区二氧化氮（NO_2）浓度数据，分析了共建"一带一路"国家 NO_2 浓度时空变化特征及其驱动因素。孟凡鑫等[4]从时间和空间维度分析了中国"一带一路"节点城市 CO_2 排放特征。此外，还有学者采用绿色发展指标体系、绿色全要素生产率（GTFP）和生态效率等评价共建"一带一路"国家的绿色效率，如张瑞等[5]以绿色全要素生产率为绿色发展表征指标，采用数据包络分析方法测度 1995~2019 年 37 个共建"一带一路"国家绿色发展趋势和技术变化特征，探讨技术变化的要素偏向性对不同类型国家绿色发展的驱动特征。综上，已有研究可为

[1] 赵春明：《"一带一路"战略与我国绿色产业发展》，《学海》2016 年第 1 期，第 137~142 页。

[2] 傅京燕、司秀梅：《"一带一路"沿线国家碳排放驱动因素、减排贡献与潜力》，《热带地理》2017 年第 37 卷第 1 期，第 1~9 页。

[3] 方恺、王婷婷、何坚坚、沈杨：《"一带一路"沿线地区 NO_2 浓度时空变化特征及其驱动因素》，《生态学报》2020 年第 40 卷第 13 期，第 4241~4251 页。

[4] 孟凡鑫、李芬、刘晓曼、蔡博峰、苏美蓉、胡俊梅、张祎：《中国"一带一路"节点城市 CO_2 排放特征分析》，《中国人口·资源与环境》2019 年第 29 卷第 1 期，第 32~39 页。

[5] 张瑞、杨若宸、张倍函、马骅：《基于要素视角的"一带一路"国家绿色发展效率的驱动力研究》，《生态学报》2023 年第 43 卷第 13 期，第 1~16 页。

共建"一带一路"国家绿色发展提供较好的理论和实证参考,但研究多集中在经济与资源和生态环境[①]等方面,未针对温室气体与大气污染物协同减排情况深入研究。

共建"一带一路"国家及地区内部经济发展和资源环境状况存在较大区域差异,但多数面临着减排温室气体和改善空气质量的巨大压力。温室气体和大气污染物排放具有同根、同源、同时的特征。本研究重点探寻共建"一带一路"国家在绿色低碳转型中减污降碳协同的区域、时空特点,以期为我国精准对接共建"一带一路"国家发展需求,打造绿色"一带一路"提供科学依据和政策支撑,助力共建"一带一路"国家经济社会向绿色高质量发展转变。

第一节 研究方法

一 研究范围

鉴于数据完整性和研究的科学性及可行性,本研究根据世界银行2023年更新的全球经济体分类标准,将低收入国家(人均国民总收入GNI低于1135美元的国家)和CO_2排放量占全球排放不足0.05%的国家排除在研究范围之外。此外,对个别数据缺失较多的国家也予

---

① 曹翔、滕聪波、张继军:《"一带一路"倡议对沿线国家环境质量的影响》,《中国人口·资源与环境》2020年第30卷第12期,第116~124页。

以剔除。综上，本研究主要涉及共建"一带一路"国家 59 个。[①] 同时考虑到 2020～2022 年新冠疫情对全球经济社会发展的影响，研究所选取时间范围为 2010～2019 年，部分缺失数据用 2018 年数据代替。

二　数据来源

本章重点对共建"一带一路"国家减污降碳协同性进行研究，所用数据主要来源：①CO_2 排放量及排放趋势，包括共建"一带一路"国家历年 CO_2 排放量、单位能耗 CO_2 排放量、人均 CO_2 排放量等，从国际能源署（IEA）数据库获得；②大气污染物排放情况，主要为 $PM_{2.5}$ 浓度数据，从世界银行数据库获得；③CO_2 排放强度（2015 年不变价，美元），根据世界银行人均 GDP（2015 年不变价，美元）、人口总数数据和 IEA 各国历年 CO_2 排放量数据等计算获得。

三　计算公式

$$CO_2 \text{ 减排率} = \frac{\text{第 } \alpha \text{ 年 } CO_2 \text{ 排放量} - \text{第}(\alpha+i) \text{ 年 } CO_2 \text{ 排放量}}{\text{第 } \alpha \text{ 年 } CO_2 \text{ 排放量}} \quad (12-1)$$

[①]　59 个国家包括：蒙古、韩国、菲律宾、老挝、马来西亚、缅甸、泰国、新加坡、印度尼西亚、越南、巴基斯坦、孟加拉国、斯里兰卡、阿联酋、阿曼、阿塞拜疆、巴林、卡塔尔、科威特、黎巴嫩、沙特阿拉伯、土耳其、伊拉克、伊朗、哈萨克斯坦、土库曼斯坦、乌兹别克斯坦、阿尔及利亚、埃及、安哥拉、利比亚、摩洛哥、南非、尼日利亚、突尼斯、波黑、捷克共和国、白俄罗斯、匈牙利、波兰、保加利亚、塞尔维亚、斯洛伐克共和国、俄罗斯联邦、罗马尼亚、乌克兰、奥地利、意大利、葡萄牙、希腊、多米尼加共和国、古巴、特立尼达和多巴哥、厄瓜多尔、智利、玻利维亚、秘鲁、阿根廷、新西兰。

式（12-1）中：α 为 2010 年，i 是指 2010 年后第 i 年，本研究选取 2013 年、2016 年和 2019 年。CO_2 减排率单位：%。

$$PM_{2.5}浓度下降率 = \frac{第\,\alpha\,年\,PM_{2.5}浓度 - 第(\alpha+i)年\,PM_{2.5}浓度}{第\,\alpha\,年\,PM_{2.5}浓度} \times 100\%$$

$$(12-2)$$

CO_2 减排和 $PM_{2.5}$ 浓度下降协同评价如下所示。

（1）CO_2 减排率和 $PM_{2.5}$ 浓度下降率都为正：最优；

（2）CO_2 减排率和 $PM_{2.5}$ 浓度下降率一正一负：一般；

（3）CO_2 减排率和 $PM_{2.5}$ 浓度下降率都为负：最差。

为进一步理解共建"一带一路"国家 CO_2 减排和 $PM_{2.5}$ 浓度下降的趋向性，参考李丽平等发布的"协同效应系数"（协同效应系数＝温室气体减排量/局地污染物减排量）[1]，本章构建了减污降碳趋向性指数 ϕ_n，详见公式（12-3）。

$$\phi_n = \frac{CO_2\,减排率}{PM_{2.5}浓度下降率} \qquad (12-3)$$

式（12-3）中，n 代表共建"一带一路"国家。CO_2 减排率和 $PM_{2.5}$ 浓度下降率均为正值情况下，说明该国实现了减污降碳，ϕ_n 大于 1 说明该国减污降碳协同中 CO_2 减排成效强于降碳成效，且数值越大趋势越明显；ϕ_n 小于 1 说明该国减污降碳协同中减污成效强于 CO_2 减排成效，且数值越小趋势越明显；ϕ_n 等于 1 说明该国减污降碳协同推进。

---

[1] 中日污染减排与协同效应研究示范项目联合研究组：《污染减排的协同效应评价及政策》，中国环境出版集团，2022，第 61~62 页。

CO_2 减排率和 $PM_{2.5}$ 浓度下降率一正一负的情况下，说明该国为减污增碳或增污降碳趋势。CO_2 减排率和 $PM_{2.5}$ 浓度下降率均为负值的情况下，说明该国为增污增碳趋势（见表 12-1）。

表 12-1　减污降碳趋向性指数对照表

	减污降碳	减污增碳	增污降碳	增污增碳
CO_2 减排率	>0	<0	>0	<0
$PM_{2.5}$ 浓度下降率	>0	>0	<0	<0
ϕ_n	>0	<0	<0	>0
赋值	2	-1	-1	-2

考虑到共建"一带一路"国家经济社会发展和人口数量变化对 CO_2 排放的影响，进一步分析其 CO_2 排放强度、单位能耗 CO_2 排放和人均 CO_2 排放变化情况，公式如下。

$$CO_2 \text{ 排放强度下降率}(\beta)=$$
$$\frac{\text{第 } \alpha \text{ 年 } CO_2 \text{ 排放强度} - \text{第}(\alpha+i)\text{年 } CO_2 \text{ 排放强度}}{\text{第 } \alpha \text{ 年 } CO_2 \text{ 排放强度}} \times 100\% \quad (12-4)$$

$$\text{单位能耗 } CO_2 \text{ 排放下降率}(\gamma)=$$
$$\frac{\text{第 } \alpha \text{ 年单位能耗 } CO_2 \text{ 排放} - \text{第}(\alpha+i)\text{年单位能耗 } CO_2 \text{ 排放}}{\text{第 } \alpha \text{ 年单位能耗 } CO_2 \text{ 排放}} \times 100\% \quad (12-5)$$

$$\text{人均 } CO_2 \text{ 排放下降率}(\delta)=$$
$$\frac{\text{第 } \alpha \text{ 年人均 } CO_2 \text{ 排放} - \text{第}(\alpha+i)\text{年人均 } CO_2 \text{ 排放}}{\text{第 } \alpha \text{ 年人均 } CO_2 \text{ 排放}} \times 100\% \quad (12-6)$$

其中，β 用来衡量一国经济增长同碳排放量增长之间的关系，γ 用来衡量一国能源消耗同碳排放量增长之间的关系，δ 用来衡量一国人口增长同碳排放量增长之间的关系，β、γ、δ 三者数值降低均能反映该国为低碳发展模式。

CO_2 减排评价如下。

（1）β、γ、δ 都为正：最优；

（2）β、γ、δ 有正有负：中间；

（3）β、γ、δ 都为负：最差。

第二节 结果与分析

一 减污降碳协同趋向性特征

从研究结果来看，2013 年 59 个共建"一带一路"国家中 13 个国家（约 22%）实现减污降碳协同趋势，主要包括捷克共和国、白俄罗斯、匈牙利、波兰、保加利亚、塞尔维亚、奥地利、意大利、葡萄牙、希腊等欧洲国家，其中希腊 CO_2 减排率达到 17.4%、匈牙利 CO_2 减排率为 14.6%、意大利 CO_2 减排率为 13.9%、保加利亚 CO_2 减排率为 11.6%，是 13 个国家中 CO_2 减排幅度前四的国家，而波兰、匈牙利、希腊、罗马尼亚则是 13 个国家中 $PM_{2.5}$ 浓度下降幅度前四的国家，下降率分别为 13.2%、12.6%、12.4%、10.8%。

24 个国家（约 40.7%）实现减污增碳趋势，这些国家分布较为广泛，包括东南亚、非洲、欧洲、南美洲、大洋洲等的国家，表现为空气质量改善和碳排放增加。其中，两个国家（约 3.4%）实现增污降碳趋势，表现为空气质量下降和碳排放减少。20 个国家（约 33.9%）实现增污增碳趋势，主要是亚洲国家，表现为空气质量下降和碳排放增加。由 $PM_{2.5}$ 浓度下降情况来看，59 个共建"一带一路"国家中 37 个国家（约 62.7%）呈 $PM_{2.5}$ 浓度下降趋势。由 CO_2 减排情况来看，59 个共建"一带一路"国家中 15 个国家（约 25.4%）呈 CO_2 减排趋势。呈 $PM_{2.5}$ 浓度下降趋势的国家多于呈 CO_2 减排趋势的国家，说明总体上 59 个共建"一带一路"国家空气质量改善情况好于碳减排情况。

有 20 个国家（主要是亚洲国家）既有 CO_2 排放增加又有 $PM_{2.5}$ 浓度上升趋势。有两个国家，呈现 $PM_{2.5}$ 浓度上升和 CO_2 减排趋势。59 个共建"一带一路"国家中 CO_2 减排国家占 25.4%（15 个）。

2016 年 59 个共建"一带一路"国家（约 27.1%）实现减污降碳协同趋势，除上述 13 个欧洲国家外，增加了利比亚、俄罗斯联邦和南非。这些国家的减污降碳协同趋势进一步扩大，希腊、意大利、乌克兰、斯洛伐克共和国、白俄罗斯、捷克共和国 CO_2 减排幅度均超过 10%，CO_2 减排率分别为 24.3%、16.9%、25.9%、12.8%、10.9%、10%，$PM_{2.5}$ 浓度下降率除南非之外，均超过 10%，白俄罗斯、希腊、意大利、奥地利、匈牙利、乌克兰、俄罗斯联邦、波兰 $PM_{2.5}$ 浓度下降率超过 20%。

25 个国家（约 49.2%）呈现减污增碳趋势，其中东南亚、西亚、南美洲等国家普遍 CO_2 排放增长较大。4 个国家（约 6.8%）呈现增污降碳趋势，与 2013 年相比增加了 2 个国家。14 个国家（约 23.7%）呈现增污增碳趋势，主要分布在亚洲、非洲和北美洲。由 $PM_{2.5}$ 浓度下降情况来看，近七成的国家（41 个）$PM_{2.5}$ 浓度呈下降趋势。由 CO_2 减排情况来看，三分之一的国家（20 个）呈 CO_2 减排趋势。总体来看，

59 个共建"一带一路"国家空气质量改善情况好于碳减排情况。

2019 年 59 个共建"一带一路"国家中 15 个国家（约 25.4%）实现减污降碳协同趋势，一些国家在 2016 年实现减污降碳，但在 2019 年 CO_2 排放呈增加趋势，减污降碳比较稳定的国家仍为欧洲的 13 个国家，希腊和乌克兰 CO_2 减排率和 $PM_{2.5}$ 浓度下降率进一步扩大。希腊 CO_2 减排率达到 31.8%、$PM_{2.5}$ 浓度下降率达到 25.2%，乌克兰 CO_2 减排率达到 31.8%、$PM_{2.5}$ 浓度下降率达到 22.6%。

26 个国家（约 44.1%）呈现降减污增碳趋势，绝大多数国家 CO_2 减排率进一步下降，少数几个国家 CO_2 排放较 2010 年增长 50% 左右，个别国家 CO_2 排放甚至达到 2010 年的 2~5 倍，这些国家主要分布在东南亚、西亚、南美洲等。4 个国家（约 6.8%）呈现增污降碳趋势，15 个国家（约 25.4%）呈现增污增碳趋势且较 2013 年和 2016 年，这些国家增污增碳趋势加剧。有的国家 CO_2 减排率能达到 -49.4%，$PM_{2.5}$ 浓度下降率能达到 -26.3%。呈现此趋势的国家主要分布在东亚、东南亚、南亚、西亚、南美洲。

由 $PM_{2.5}$ 浓度下降情况来看，近七成的国家（41 个）$PM_{2.5}$ 浓度呈下降趋势。由 CO_2 减排情况来看，约 30.5%（18 个）国家呈 CO_2 减排趋势。总体来看，59 个共建"一带一路"国家空气质量改善情况好于碳减排情况。

此外，有 15 个国家的增污增碳趋势加剧；有 3 个国家呈现增污减碳趋势，其中特立尼达和多巴哥 CO_2 减排率达到 18.1%。59 个共建"一带一路"国家中 CO_2 减排国家约占 30.5%（18 个）。

二 CO_2 排放强度特征

由 CO_2 排放强度研究结果来看，2013 年、2016 年、2019 年 59 个共建"一带一路"国家中 CO_2 排放强度较 2010 年下降的国家数分别为 42 个、39 个、42 个（图 12-1 为 20 个共建"一带一路"国家 CO_2 排放强度情况）。超过 62.7%（37 个）的国家在 3 个年份的 CO_2 排放强度均有所下降，其中乌兹别克斯坦、土库曼斯坦、斯洛伐克共和国、波兰、古巴、捷克共和国、乌克兰在 2019 年 CO_2 排放强度较 2010 年下降超 30%。希腊和波黑在 2016 年和 2019 年的 CO_2 排放强度较 2010 年下降，埃及、阿根廷在 2019 年 CO_2 排放强度下降。

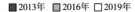

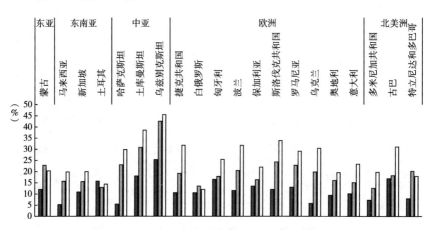

图 12-1　2010~2019 年 20 个共建"一带一路"国家 CO_2 排放强度下降率

约 6.8%的国家 CO_2 排放强度出现下降和上升的反复,主要为亚洲国家。此外,主要分布在东南亚、西亚、非洲、南美洲等的 13 个国家 2013 年、2016 年和 2019 年 CO_2 排放强度均较 2010 年增加,说明这些国家在 2010~2019 年不是低碳的发展模式。

三 单位能耗 CO_2 排放特征

由单位能耗 CO_2 排放研究结果来看,2013 年、2016 年、2019 年 59 个共建"一带一路"国家中单位能耗 CO_2 排放较 2010 年下降的国家数分别为 26 个、28 个、36 个(图 12-2 为 20 个国家单位能耗 CO_2 排放情况)。韩国、马来西亚、泰国、新加坡、伊拉克、伊朗、土库曼斯坦、捷克共和国、白俄罗斯、匈牙利、波兰、保加利亚、斯洛伐克共和国、奥地利、意大利、希腊、古巴、秘鲁、新西兰 19 个国家在 3 个年份的单位能耗 CO_2 排放均有所下降,科威特、埃及、俄罗斯、特立尼达和多巴哥、阿根廷 5 个国家在 2016 年和 2019 年单位能耗 CO_2 排放下降,卡塔尔、沙特、乌兹别克斯坦、安哥拉等 10 个国家在 2019 年单位能耗 CO_2 排放较 2010 年下降,上述 34 个国家总体呈低碳发展趋势。

约 15.3%的国家单位能耗 CO_2 排放出现下降和上升反复,主要表现在 2016 年呈现单位能耗 CO_2 减排,但在 2013 年和 2019 年出现增长,没有形成连续性。此外,主要分布在东南亚、西亚、非洲等的 16 个国家(约 27.1%)在 2013 年、2016 年、2019 年单位能耗 CO_2 排放均较 2010 年增加,表明这些国家 2010~2019 年期间没有实现低碳发展。

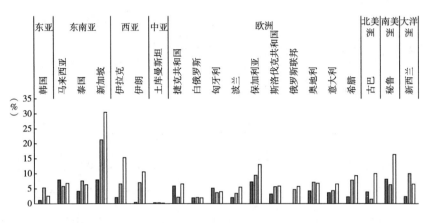

图 12-2 2010~2019 年 20 个共建"一带一路"国家单位能耗
CO₂ 排放下降率

四 人均 CO₂ 排放特征

由人均 CO₂ 排放研究结果来看，2013 年、2016 年、2019 年 59 个
共建"一带一路"国家中人均 CO₂ 排放较 2010 年下降的国家数分别
为 23 个、21 个、24 个（图 12-3 为 20 个国家人均 CO₂ 排放情况）。
3 个年份人均 CO₂ 排放均下降的国家主要集中在欧洲和北美洲，以及
科威特、乌兹别克斯坦、利比亚、南非共 16 个国家（约 27.1%）。
随着经济社会发展和人民生活水平的提高，主要分布在亚洲、非洲、
南美洲等的 28 个国家（47.5%）在 3 个年份人均 CO₂ 排放均较 2010 年
增加。

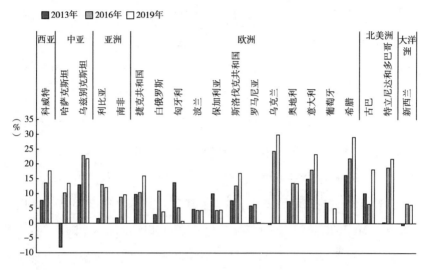

图 12-3 2010~2019 年 20 个共建"一带一路"国家人均 CO_2 排放下降率

第三节 结论与建议

一 主要结论

全面评估一国减污降碳协同情况涉及经济社会发展多方面因素，如政策、制度、技术、举措等，是一项具有很大挑战的工作。本章工作首次尝试评估共建"一带一路"国家减污降碳协同管理的情况，从经济发展角度、碳排放占比及数据完整性与可及性等方面筛选出 59 个共建"一带一路"国家，分析其 2010~2019 年减污降碳协同情况。主要结论如下。

（一）2010～2019年共建"一带一路"国家呈减污降碳协同趋势

从研究结果来看，2010～2019年59个共建"一带一路"国家总体呈减污降碳协同趋势，但有波动性。59个共建"一带一路"国家中呈减污降碳协同趋势的国家由2013年的13个增加到2016年的16个，2019年保持在15个。2019年较2013年呈减污降碳协同趋势国家占比提升了3.4个百分点。CO_2减排和$PM_{2.5}$浓度下降程度不断加强，如希腊2013年CO_2减排率为17.4%、2016年CO_2减排率为24.3%、2019年CO_2减排率达到31.8%，同期$PM_{2.5}$浓度下降率分别为12.4%、24.1%、25.2%。此外，呈增污增碳趋势的国家明显减少，2013年有20个国家（约占33.9%）CO_2增排和$PM_{2.5}$浓度上升，2016年减至14个，到2019年为15个国家（约占25.4%），占比下降了8.5个百分点，反映出59个共建"一带一路"国家中多数国家2010～2019年期间实现了绿色低碳发展。

（二）2010～2019年共建"一带一路"国家呈$PM_{2.5}$浓度下降趋势国家多于CO_2减排趋势国家

从研究结果来看，59个共建"一带一路"国家中呈$PM_{2.5}$浓度下降趋势的国家2013年、2016年和2019年分别为37个、41个和41个，多于同期CO_2减排趋势国家（15个、20个、18个），$PM_{2.5}$浓度下降国家占六成以上。呈CO_2减排或$PM_{2.5}$浓度下降趋势的国家超过一半，分别为2013年39个、2016年45个、2019年45个，表明总体上共建"一带一路"国家呈低碳绿色发展模式。

（三）2010～2019年共建"一带一路"国家单位能耗CO_2排放呈下降趋势

从研究结果来看，59个共建"一带一路"国家中半数以上国家

CO_2 排放强度、单位能耗 CO_2 排放呈下降趋势,近一半国家人均 CO_2 排放下降。2013 年、2016 年、2019 年呈 CO_2 排放强度下降趋势的国家超过 41 个,六成以上国家 3 个年份 CO_2 排放强度均有下降。2013 年、2016 年、2019 年呈单位能耗 CO_2 排放下降趋势的国家数增加明显,由 26 个增至 36 个,呈单位能耗 CO_2 排放下降趋势国家占比提升了 18.6 个百分点。2013 年、2016 年、2019 年 59 个共建"一带一路"国家中呈人均 CO_2 排放下降趋势的国家有所增加,达到 24 个。

(四)2010~2019 年共建"一带一路"国家中减污降碳协同国家分布明显

从研究结果来看,59 个共建"一带一路"国家中呈减污降碳协同趋势的国家主要集中在欧洲,2013 年、2016 年和 2019 年均呈减污降碳协同趋势国家包括捷克共和国、白俄罗斯、匈牙利、波兰、保加利亚、利比亚、斯洛伐克共和国、罗马尼亚、乌克兰、奥地利、意大利、葡萄牙、希腊 13 个国家,可能是由于其经济社会发展水平、所处国家发展阶段不同,这些国家绿色低碳水平相对较高,呈减污降碳协同趋势。3 个年份均呈增污增碳趋势的国家主要分布在亚洲、北美洲和南美洲的 9 个国家。

此外,3 个年份 CO_2 排放强度、单位能耗 CO_2 排放、人均 CO_2 排放均呈下降趋势的国家主要集中在欧洲和北美洲。共建"一带一路"国家中 CO_2 排放强度和单位能耗 CO_2 排放普遍呈下降趋势,相对而言,人均 CO_2 排放呈下降趋势的国家不多,如东亚、东南亚、西亚、南美洲等国家可能是由于人民生活水平提高,对生活质量需求提高,因而人均 CO_2 排放增加。

二　政策建议

我国积极推进"一带一路"绿色发展，坚持创新、协调、绿色、开放、共享发展理念，为进一步推进共建"一带一路"绿色发展，基于本研究，提出如下政策建议。

（一）深化不同类型共建"一带一路"国家绿色领域务实合作

共建"一带一路"国家经济社会发展水平、资源禀赋等存在差异，上述研究也表明了共建"一带一路"国家在减污和降碳方面趋势有所不同，对呈减污降碳协同趋势的国家，建议以交流互鉴和深化生态环境、能源、气候等不同领域合作为重点；对呈减污或降碳不同发展趋势的国家，建议结合共建"一带一路"国家需求，以生态环境治理政策、技术等方面合作，或清洁能源、应对气候变化等方面合作为重点；对增污增碳的国家，建议以帮助其开展绿色基础设施建设、绿色能源、生态环保治理等重点领域合作为抓手，支持发展中国家绿色低碳发展。

（二）强化共建"一带一路"有关合作平台引领作用

进一步推动高质量共建"一带一路"，建议充分发挥好"一带一路"绿色发展国际联盟等重点合作平台的作用，加快完善"一带一路"绿色发展国际联盟组织机构建立，以该平台为重要枢纽，汇聚各方资源技术和力量，帮助共建"一带一路"国家绿色低碳发展。同时，进一步完善"一带一路"生态环保大数据服务平台，及时更新完善共建"一带一路"国家生态环境水平、污染排放情况、资源使用和排放情况、基础设施、经济社会发展水平等有关信息，为对外项目投资、开展联合研究等提供支撑。

（三）加强共建"一带一路"生态环保产业、技术国际合作

建议进一步扩大开放，推进节能环保产业、新能源技术和绿色产业技术的国际合作和交流。引导企业推广基础设施绿色环保标准和最佳实践，不断提升基础设施运营、管理和维护过程中的绿色低碳发展水平。鼓励企业开展新能源产业、新能源汽车制造等领域投资合作，引导中资企业在对外融资合作中进一步落实生态文明和绿色发展理念，分享中国绿色发展理念和协同推进减污降碳的绿色解决方案。

（四）更大发挥"一带一路"南南合作作用

习近平总书记提出"十百千"倡议和"一带一路"应对气候变化南南合作计划，通过合作建设低碳示范区，援助应对气候变化相关物资，开展能力建设培训等方式帮助其他发展中国家提高应对气候变化能力。建议更大发挥"一带一路"南南合作作用，深入研究受援助国家的环保理念和政策以及应对气候变化需求，结合重点受援助国的国家政策和规划，制订针对性的援助方案，增加培训和项目合作，推进低碳示范区合作，援助项目重点涉及清洁能源、低碳技术、农作物种植技术、气象灾害预警预报、绿色基础设施建设、人力资源合作等方面，提高我国的援助质量。

第十三章　甲烷减排与臭氧协同控制效益

甲烷和臭氧都是短寿命气候污染物（Short-Lived Climate Pollutants, SLCPs），快速减少短寿命气候污染物的排放可以在减少空气污染物的同时减缓短期气候变暖趋势。同时，甲烷也是近地面臭氧的前体物，减排甲烷和控制臭氧具有多重潜在收益。但是，目前针对控制臭氧及其前体物甲烷的研究，特别是二者之间量化关系的研究相对较少，且甲烷与臭氧协同控制对气候变化和空气治理方面的综合影响尚不清楚。本章内容综述了甲烷排放对臭氧生成的影响、甲烷减排与控制臭氧污染的协同效益等方面的国内外最新研究进展，并针对相关领域工作开展提出建议。

第一节　甲烷是近地面臭氧的主要前体物，甲烷对臭氧生成的贡献率要高于氮氧化物

在大气中，甲烷可以导致另一种短寿命气候污染物臭氧的形

成，即甲烷也是近地面臭氧的前体物。从形成机理上看，甲烷对臭氧生成的影响主要包括辐射效应和化学效应两方面。辐射效应是指甲烷排放可以改变大气温度，从而影响臭氧的生成和分解速度。化学效应则是甲烷通过参与生成和消耗臭氧从而造成臭氧浓度的改变。其中，化学效应又可以分为直接化学效应和间接化学效应。就直接化学效应而言，甲烷具有较强的化学活性，在对流层中，甲烷会在氮氧化物（NO_x）的作用下与 OH 反应生成臭氧、二氧化碳和水。[①]

国内外研究学者针对甲烷对臭氧生成的贡献大小进行了分析研究，但是现有模型和结果难以说明甲烷和臭氧之间的准确量化关系。联合国环境规划署（UNEP）和世界气象组织（WMO）的研究结果显示，甲烷排放变化是导致洲际年均对流层臭氧背景浓度变化的最重要因素，甲烷对臭氧的贡献率约为 50%，其次才是氮氧化物（NO_x）、非甲烷类挥发性有机物（NMVOCs）和一氧化碳（CO）。另有研究表明，25%的臭氧污染源自甲烷，19%来自 VOCs 和 CO。[②] 大气中高浓度的甲烷可能导致约 50%对流层臭氧的增加，是 21 世纪臭氧变化的

---

① 谢飞、田文寿、李建平、张健恺、商林：《未来甲烷排放增加对平流层水汽和全球臭氧的影响》，《气象学报》2013 年第 71 卷第 3 期，第 555~567 页。

② Wang Y., Jacob D. J., "Anthropogenic Forcing on Tropospheric Ozone and OH Since Preindustrial Times." *Journal of Geophysical Research* 103 (D23), 1998, pp. 31123-31135

主要驱动因子①，人为产生的甲烷排放大概贡献了工业化前 20% 的臭氧浓度变化②。

第二节 甲烷排放对臭氧生成的影响在不同时空尺度上具有很大差异

在空间分布上，地面甲烷排放增加 50%，会使热带对流层的臭氧增加约 20%，而使北半球中高纬度地区对流层的臭氧增加约 8%。③ 在时间分布上，甲烷排放对臭氧浓度增加的影响在夏季最为明显：东亚地区甲烷排放增加后，东亚地区对流层臭氧浓度在 8 月增加最多；北美地区甲烷排放增加后，北美地区对流层中部臭氧浓度在 7 月增加最多，对流层上部臭氧浓度在 4 月增加最多。④ 此外，甲烷排放对对流层臭氧浓度的影响比对平流层臭氧浓度的影响更大，东亚地区地表甲烷排放增加 50%，8 月在对流层顶附近臭氧浓度增加约 8%，而平流层中高层臭氧

① Derwent R. G., Parrish D. D., Galbally E., Stevenson D. S., Doherty R. M., Naik V., Young P. J., "Uncertainties in Models of Tropospheric Ozone Based on Monte Carlo Analysis: Tropospherico zone Burdens, Atmospheric Lifetimes and Surface Distributions." *Atmospheric Environment* (180), 2018, pp. 93-102.

② Wild O., Fiore A. M., Shindell D. T., Doherty R. M., Collins W. J., "Modelling Future Changes in Surface Ozone: A Parameterized Approach." *Atmospheric Chemistry And Physics* (12), pp. 2037-2054.

③ 谢飞、田文寿、李建平、张健恺、商林：《未来甲烷排放增加对平流层水汽和全球臭氧的影响》，《气象学报》2013 年第 71 卷第 3 期，第 555~567 页。

④ Shang L., Liu Y., Tian W., Zhang Y., "Effect of Methane Emission Increasein East Asia on Atmospheric Circulation and Ozone." *Advances in Atmospheric Sciences* (32), 2015, pp. 1617-1627.

浓度增加的极大值为 3%。[1] 从中国区域的甲烷与臭氧的时空分布来看，二者存在很大的重合度。对流层臭氧在青藏高原和我国东海岸增加最明显，且青藏高原和我国东海岸的臭氧浓度在夏季增加最多，可达 12%。

第三节 减少人为甲烷排放对降低对流层臭氧浓度具有显著影响

联合国政府间气候变化专门委员会（IPCC）2007 年的报告指出，未来几十年地面甲烷的排放还会持续增加，意味着未来甲烷对臭氧的影响会变得越来越重要。研究人员发现，减少 50% 的人为甲烷排放对对流层臭氧的影响，要比减少等量 NO_x 的影响更为显著。[2] 一项模型分析表明，每减少 20% 的人为甲烷排放，就会减少 1.1～1.3ppb 的臭氧。[3] 减少 NO_x 排放往往只能解决局地问题，对全球变暖不会产生很大的影响，而甲烷减排可以同时解决气候变暖问题以及由臭氧造成的大气污染问题。因此，采取措施降低甲烷浓度，并间接降低臭氧浓度，是解决全球变暖和空气污染问题行之有效的途径。

① 李小婷、田文寿：《东亚地区甲烷排放增加对该地区臭氧和温度的影响》，第 34 届中国气象学会年会 S9 大气成分与天气、气候变化及环境影响论文集，河南郑州，2017 年 9 月，第 243 页。
② 月又石：《控制甲烷排放有利于减少全球变暖和空气污染》，《气象科技合作动态》2003 年第 5 期，第 16 页。
③ Fiore A. M., Dentener F. J., Wild O., Cuvelier C., Schultz M. G., Hess P., Textor C., Schulz M., Doherty R. M., Horowitz L. W., "Multimodel Estimates of Intercontinental Source-receptor Relationships for Ozone Pollution." *Journal of Geophysical Research* (4), 2009, p. 114.

第四节 甲烷减排与控制臭氧污染对健康、全球气候
和农作物等具有多重效益

甲烷与臭氧协同控制具有多重潜在收益，除了可以产生潜在的健康效益、气候效益和减少粮食损失之外，也包括规模收益、成本收益和提高减排效果的响应速度等，特别是对包括中国在内的亚洲而言，越早采取国际合作和国家行动，所带来的收益和效果就越为显著。另外，甲烷与臭氧协同控制也能在推动可持续发展进程中产生更深远的影响，包括保障能源安全、创造就业、增加收入、促进经济发展、提升煤矿生产安全等。

一 健康收益

臭氧是主要的空气污染物，高浓度的臭氧会对人体造成不同程度的伤害甚至死亡。欧盟的研究认为，如果不采取措施减少全球范围内的甲烷排放，到 2050 年，在甲烷排放量有增无减的一系列悲观情景下，全球健康影响加权的臭氧可能上升 2~4.5ppb，与目前的情况相比，甲烷增加生成的臭氧可能导致全球 4 万~9 万人过早死亡。在乐观的可持续情景下，与 2010 年相比，臭氧可能减少 2ppb，全球死亡人数减少 3 万人到 4 万人。2050 年，为了避免最悲观的情景出现，当实施最严格的甲烷减排方案时，可以避免 8 万~12.5 万人死亡。此外，减排甲烷和控制臭氧还能协同减少共生污染物，如氮氧化物（NO_x）和挥发性有机物（VOCs）等，进而进一步降低空气污染对人类健康的整体影响。

二　全球气候收益

控制甲烷与臭氧的排放能在短时间内缓解近期全球变暖和海平面上升带来的压力，弥补 CO_2 减排的滞后效应，并进一步减少中纬度热浪、洪涝干旱和飓风等极端天气，减缓格陵兰和北极冰雪融化，维护自然和人类社会安全、保护气候脆弱区生态环境等。[1]　其他研究也表明，如果推迟 25 年再实施包括甲烷和臭氧在内的短寿命气候污染物的减排措施，将会对气候系统造成严重且不可逆转的影响。在未来几十年中，全球若都采取包括甲烷和臭氧在内的短寿命气候污染物相关减排措施，则平均温升速度有望大幅降低，如果这些措施与二氧化碳的减排措施同时推进，全球温升有望被控制在 2℃ 以内。

三　农作物产量收益

臭氧可以通过抑制植物的光合作用影响植物的生长，进而降低作物的产量，高浓度的臭氧还可能直接导致农作物死亡。有研究表明，对流层臭氧的增加使全球小麦、大豆、玉米和水稻等 4 种主要农作物分别减产 7%～12%、6%～16%、3%～4% 和 3%～5%。欧盟研究发现[2]，最大限度地减少人为甲烷排放时，全球臭氧对农作物的损害将减少 26%，与臭氧相关的死亡率会降低 20%，而在粮食安全方面的收益预计会使

---

[1]　尹晓梅、石广玉：《SLCPs 及其气候效应研究进展》，《地球科学进展》2014 年第 29 卷第 10 期，第 1110～1119 页。

[2]　Van Dingenen R., Crippa M., Maenhout G., Guizzardi D., Dentener F., "Global Trends of Methane Emissions and Their Impacts on Ozone Concentrations." *Publications Office of European Union*, *Luxembourg*, 2018.

全球 4 种主要农作物的产量增加 1%。此外，减少甲烷排放量还可以降低农作物对臭氧的暴露量。到 2050 年，在低排放情景下，全球 4 种主要农作物的单产可能增加 0.3%~0.4%，最高排放情景和最低排放情景之间的差异约为 1 个百分点，经济收益为 40 亿~70 亿美元。就中国而言，如果采取强有力的减排行动，将获得很大的收益，预计到 2030 年之后，中国能够挽回小麦、大豆、玉米和水稻等 4 种主要农作物 1600 万吨减产损失，相当于全球总量的 30%。[①]

第五节　总结与建议

我国面临应对气候变化和控制空气污染的双重压力。总体来看，目前国内外针对甲烷减排与控制臭氧污染的协同效益研究取得一定进展，但是基础数据、监测方法、模型应用、预测分析等基础工作以及二者之间的量化关系研究相对较少，且甲烷与臭氧协同控制对气候变化和空气治理方面的综合影响尚不清楚。国内目前在上述领域的研究均较少，且基础信息较为缺失，难以对相关决策形成有力支撑，无法有效提升中国应对气候变化与环境治理的水平。为此，建议在以下方面开展相关工作。

[①] Shindell D., Kuylenstierna J. C. I., Vignati E., Dingenen R. V., Amann M., Klimont Z., Anenberg S. C., Muller N., Janssens-Maenhout G., Raes F., Schwartz J., Faluvegi G., Pozzoli L., Kupiainen K., Höglund-Isaksson L., Emberson L., Streets D., Ramanathan V., Hicks K., Oanh N. T. K., Milly G., Williams M., Demkine V., Fowler D., "Simultaneously Mitigating Near-Term Climate Change and Improving Human Health and Food Security." *Science* (335), 2012, pp. 183-189.

一　强化甲烷与臭氧协同控制的数据基础

建议完善甲烷和臭氧基础数据收集工作，构建大尺度地空一体化的协同监测网络体系。一是增加多元化的观察监测方法，比如地基监测站、地基遥感、卫星遥感等，为形成长期有效的监测网络奠定基础；二是增加地面监测站点、场地监测点，长期监测甲烷与臭氧变化趋势；三是构建甲烷与臭氧的动态变化数据库；四是构建完整的甲烷排放清单数据库，识别主要的排放源。

二　构建甲烷与臭氧协同控制影响的模型工具

建议构建甲烷与臭氧协同控制影响的模型工具，为多角度预测分析甲烷与臭氧的时空变化趋势、模拟研究甲烷与臭氧相关的气候影响、评估甲烷减排与臭氧控制的量化关系奠定技术基础。

在模型构建方面，可采用自下而上和自上而下相结合的方法，引入不确定性估计，进行多源数据的验证分析，增强数据和模型的准确性。在国家、区域、城市和行业层面上分析政策技术的可行性，例如全面评估特定区域的产业结构合理性，提供城市产业调整和转型的政策建议等。

三　建立政策法规一体化的甲烷与臭氧协同控制管理体系

中国在应对气候变化与大气污染治理方面制定了包括法律法规、标准等在内的比较完整的政策体系，但是针对甲烷与臭氧协同控制方面的政策相对欠缺，目前急需加强这方面的工作。甲烷与臭氧等污染物的减排与温室气体控制之间具有协同性，所以可通过制定甲烷等温室气体的减排目标，来促进臭氧等污染物减排。比如：建立甲烷与臭氧协同控制研究的框架和机制；识别典型区域甲烷和臭氧的排放特征，采取分区管理的模式；开展技术示范推广，完善治理技术体系。

四　加强短寿命气候污染物控制领域的国际交流与合作

加强甲烷减排与臭氧等短寿命大气污染物控制领域的国际交流与合作，通过经验交流提升该领域的能力建设，共同推动全球气候变化与空气治理工作。

图书在版编目（CIP）数据

减污降碳协同增效政策与实践. 二／李丽平等著
. -- 北京：社会科学文献出版社，2024.5
（中国生态文明理论与实践研究丛书）
ISBN 978-7-5228-3525-9

Ⅰ.①减… Ⅱ.①李… Ⅲ.①生态环境-环境保护政
策-研究-中国 Ⅳ.①X-012

中国国家版本馆 CIP 数据核字（2024）第 080635 号

· 中国生态文明理论与实践研究丛书 ·
减污降碳协同增效政策与实践（二）

著　　者／李丽平　杨儒浦　张　彬　李可心 等

出 版 人／冀祥德
责任编辑／胡庆英
文稿编辑／郭晓彬
责任印制／王京美

出　　版／社会科学文献出版社·群学分社 （010）59367002
　　　　　地址：北京市北三环中路甲 29 号院华龙大厦　邮编：100029
　　　　　网址：www.ssap.com.cn
发　　行／社会科学文献出版社 （010）59367028
印　　装／三河市龙林印务有限公司

规　　格／开本：787mm×1092mm　1/16
　　　　　印 张：18　字 数：215 千字
版　　次／2024 年 5 月第 1 版　2024 年 5 月第 1 次印刷
书　　号／ISBN 978-7-5228-3525-9
定　　价／98.00 元

读者服务电话：4008918866